車名「ジムニー ノマド」のノマド（NOMADE）は、
フランス語で遊牧民を意味する。

2025年1月30日、ジムニーシリーズで初となる5ドアモデル「ジムニー ノマド」を2025年4月3日より発売することが、スズキ株式会社より発表された。ここではそのデザインのポイントや、ホイールベースの延長による居住性等の向上など、主要な情報の一部を資料としてまとめ、紹介する。（まとめ：三樹書房編集部）

エクステリアには、“ジムニーの伝統”といえる立体的なフロントグリルと丸型ヘッドランプ、独立ターンランプに加えて、オーバーフェンダーを装備。無塗装樹脂のバンパーは、気兼ねなく過酷な環境へ突き進めるように、との狙いがある。

ガラス面を立てたスクエアボディーは、サイドに雪がたまりにくくなるように配慮されている。リヤにはノマド専用エンブレム、リヤフォグランプが備わる。

寸法図（ジムニー ノマド FC）単位：mm

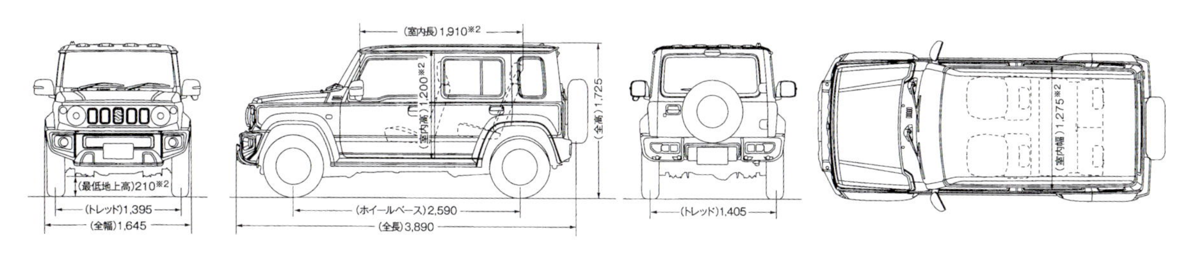

ジムニー シエラと同じ210mmの最低地上高と、36°のアプローチアングル、25°のランプブレークオーバーアングル（ジムニー シエラは28°）、47°のデパーチャーアングルによって、過酷な走行条件下においてもバンパーやアンダーボディが障害物に接触しにくい設計がされている。

※社内測定値

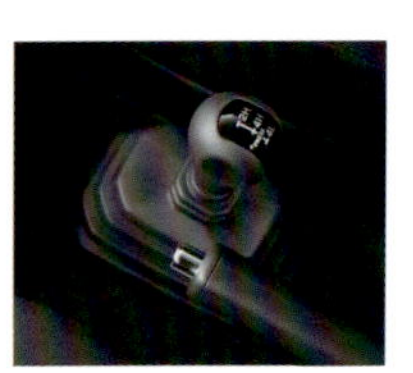

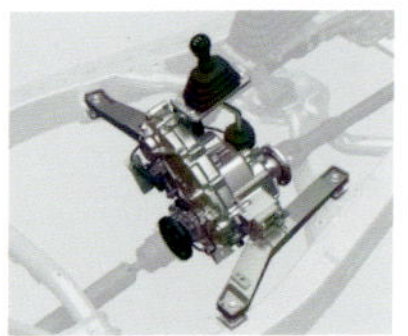

ジムニーでは初代から一貫して、前輪と後輪をシンプルな構造で直結させる、機械式副変速機を用いたパートタイム4WDを採用している。前輪か後輪のどちらかが空転しても駆動力を確保することができる。路面状況などに応じて、トランスファーレバーによって2WDと4WD（4H、4L）を任意に切り替えて走行することが可能。

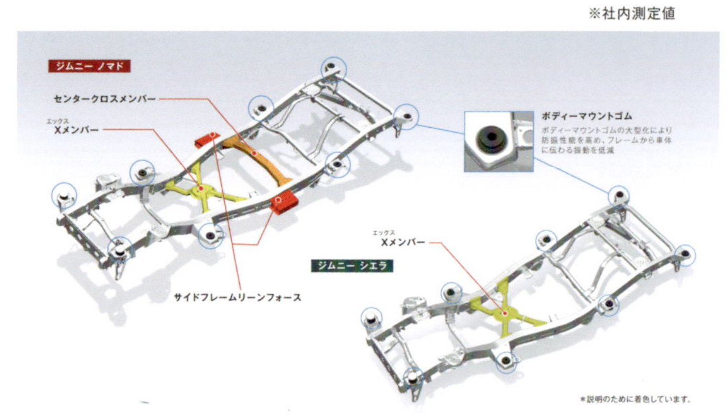

梯子型のフレームにサスペンションなどを取り付け、その上に車体を載せるラダーフレーム構造。ラダーフレームには、X（エックス）メンバーや複数のクロスメンバーの装着によって、ねじり剛性が高められている。図の左側がジムニー ノマドで右側がジムニー シエラのもの。

搭載エンジン型式：K15B型　種類：水冷4サイクル直列4気筒　総排気量：1,460cc　圧縮比：10.0　最高出力（ネット）：75kW（102PS）/6,000rpm　最大トルク（ネット）：130N・m（13.3kgf・m）/4,000rpm　ボア×ストローク：74.0mm×84.9mm　VVT：吸気VVT　エンジンオイル粘度：0W-16

インテリアには、車両姿勢が把握しやすい水平基調でデザインされたインストルメントパネルを採用している。メーターやグリップ、シフトノブ等の各部品も"機能に裏打ちされたデザインを継承"しているという。

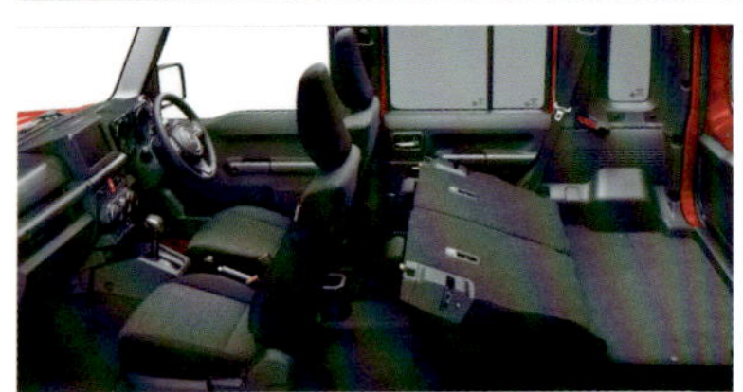

ホイールベースの延長によって、ジムニー シエラと比較してラゲッジスペースが拡大。4名乗車時で荷室床面長が590mm（ジムニー シエラより350mm拡大）あり、荷室容量は211Lを確保している。

荷室開口部
❶荷室開口高：850mm
❷荷室開口幅（上）：1,030mm
❸荷室開口幅（下）：1,015mm
❹荷室開口地上高：765mm
荷室内寸法
❺荷室幅：1,210mm
❻荷室床面長（2名乗車時）：1,240mm
❼荷室床面長（4名乗車時）：590mm
❽荷室高：960mm

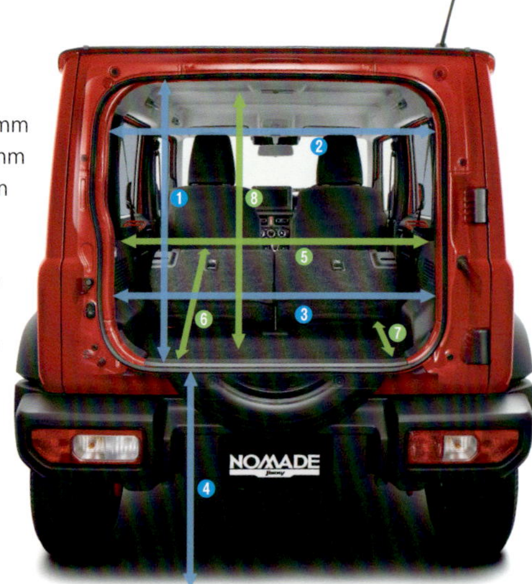

※収録写真及び解説文は、すべてスズキ株式会社発表資料をもとに作成

スズキ ジムニー

日本が世界に誇る 唯一無二のコンパクト4WD

自動車史料保存委員会
当摩 節夫
Setsuo Toma

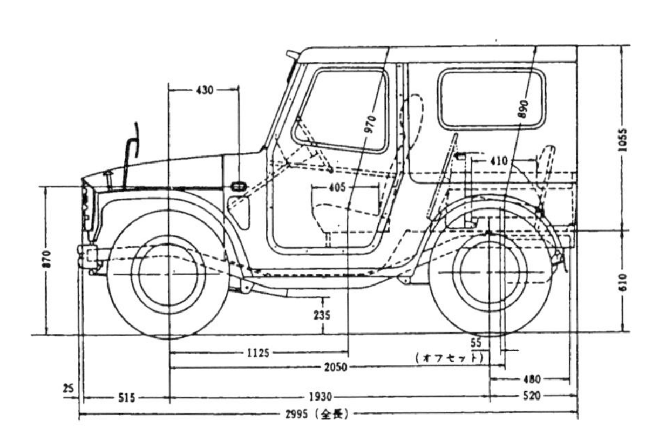

スズキ ジムニー

MIKI PRESS
三樹書房

編集部より

自動車歴史関係書を刊行する弊社の考え

日本において、自動車（四輪・二輪・三輪）産業が戦後の経済・国の発展に大きく貢献してきたことは、広く知られています。特に輸出に関しては、現在もなお重要な位置を占める基幹産業の筆頭であると、弊社は考えております。

国内には自動車（乗用車）メーカーは８社（うちホンダとスズキは二輪車も生産）、トラックメーカーは４社、オートバイメーカーは４社もあり、世界でも稀有なメーカー数です。日本の輸出金額の中でも自動車関連は常にトップクラスでありますが、自動車やオートバイは輸出先国などでも現地生産しており、他国への経済貢献もしている重要な産業であると言えます。

自動車の歴史をみると、最初の４サイクルエンジンも自動車の基本形も、19世紀末に欧州で完成し、その後スポーツカーレースなども、同じく欧州で発展してきました。またアメリカのヘンリー・フォード氏によって自動車が大量生産されたことで、より安価で身近な道具になった自動車は、第二次世界大戦後もさらに大量生産されて各国に輸出され、全世界に普及していくことになります。

このように、100年を越える長い自動車の歴史をもつ欧州や、自動車を世界に普及させてきた実績のある米国では、自動車関連の博物館も自動車の歴史を記した出版物も数多く存在しています。しかし、ここ半世紀で拡大してきた日本の自動車産業界では、事業の発展に重点が置かれてきたためか、過去の記録はほとんど残されていません。戦後、日本がその技術をもって自動車の信頼性や生産性、環境性能を飛躍的に向上させたのは紛れもない事実です。弊社では、このような実情を憂慮し、広く自動車の進化を担ってきた日本の自動車産業の足跡を正しく後世に残すために、自動車の歴史をまとめることといたしました。

自動車史料保存委員会の設立について

前記したとおり、日本は自動車が伝来し、その後日本人の自らの手で自動車が造られてからまもなく100年を迎えようとしています。日本も欧米に勝るとも劣らない歴史を歩んできたことは間違いなく、その間に造られたクルマやオートバイは、メーカー数も多いこともあり、膨大な車種と台数に及んでいます。

1989年にトヨタ博物館が設立されてからは、自動車に関する様々な資料が、収集・保存されるようになりました。そして個人で収集・保管されてきた資料なども一部はトヨタ博物館に寄贈され、適切に保存されておりますが、それらの個人所有の全てを収館することは困難な状況です。私達はそうした事情を踏まえて、自動車史料保存委員会を2005年４月に発足いたしました。当会は個人もしくは会社が所有している資料の中で、寄贈あるいは安価で譲っていただけるものを史料・文献としてお預かりし、整理して保管することを活動の基本としています。またそれらの集められた歴史を示す史料を、適切な方法で発表することも活動の目的です。委員はすべて有志であり、自動車やオートバイ等を愛し、史料保存の重要性を理解するメンバーで構成されています。

カタログを転載する理由

弊社では、歴史を残す目的により、当時の写真やカタログ、広告類を転載しております。実質的にひとつの時代、もしくはひとつの分野・車種などに関して、その変遷と正しい足跡を残すには、当時作成され、配布されたカタログ類などが最も的確な史料であります。史料の収録に際しては、製版や色調に関しては極力オリジナルの状態を再現し、記載されている解説文などに関しても、史料のひとつであると考え、記載内容が確認できるように努めております。弊社は、その考えによって書籍を企画し、編集作業を進めてきました。

また、弊社の刊行書は、写真やカタログ・広告類のみの構成ではなく、会社・メーカーや当該自動車の歴史や沿革を掲載し、解説しています。カタログや広告類［以下印刷物］は、それらの歴史を証明する史料になると考えます。

著作権・肖像権に対する配慮

ただし、編集部ではこうした印刷物の使用や転載に関しては、常に留意をしております。特に肖像権に関しましては、既にお亡くなりになった方や外国人の方などは、事前に転載使用のご承諾をいただくことは事実上困難なこともあり、そのため、該当する画像などに関しまして、画像処理を加えている史料もあります。史料は、当時のままに掲載することが最も大切なことであることは、十分に承知しております。しかし、弊社の主たる目的は自動車などの歴史を残すことでありますので、肖像権に対し配慮をしておりますことをご理解ください。

弊社刊行の書籍が、自動車関連の歴史に興味がある読者の皆様に適うことを願ってやみません。

三樹書房　代表　小林謙一

ジムニーへの想い

本書刊行にあたり、スズキジムニーに関する設問をスズキ株式会社広報部にお願いしたところ、代表取締役会長の鈴木修様よりご回答をいただくことができました。

弊社としては、ジムニー誕生に深く関わっているご本人からいただけたことは、望外の喜びであると同時に貴重な記録と考え、ここにそのまま収録させていただくことといたしました。　編集部

スズキの数多くの車両の中でジムニーの存在とは

『ジムニー』は他社が製造していた四輪駆動の軽自動車がベースとなっています。小野定良社長が経営していらしたホープ自動車という会社が、川崎市の工場で、一品料理で毎月2〜3台作っていた『ホープスター』というクルマです。ひょんなことから私どもが製造・販売することとなりましたが、昔も今も唯一無二の四輪駆動の軽自動車であることに変わりありません。小野さんからお話しを伺い、「こんなクルマがあるのか！？」と驚くと同時に「これはイケるかもしれない」と私がカン(勘)ピューターを働かせて買い取ったものですから、社内の技術屋さんからは「こんなものが商品になるのか?」「売れる訳がない」と公然と言われたことを覚えていますヨ。3か月で元が取れましたがね（笑）。同じ軽自動車のアルトが実の子供だとすれば、ジムニーは私と同じで『養子』といったところでしょうかねぇ（笑）。

最新型ジムニーの開発で最も重要だったことは

ジムニーに限ったことではありませんが、モデルチェンジをする際には、現行車にお乗りいただいているお客様の声（どこに満足され、どこに不満を持たれているかなど）を聞くことを心がけています。特にジムニーはお客様を20年お待たせ致しましたので、林業に携わっていらっしゃる皆様やハンターの皆様といったジムニーを仕事の道具としてお使いの皆様、あるいは雪深い地方にお住まいでジムニーを生活の足としてお使いいただいている皆様のご意見を伺い、『軽量・小型・堅牢であること』と『本格的四輪駆動車であること』は継承し、進化させなければならないと考えました。

最新型ジムニーの技術面での特徴とは

今回のジムニーは四輪駆動の軽自動車としての“原点回帰”を果たしたことが最大の特徴であり、他に無い優れた点だと思っています。これまで同様に、山中の狭くて荒れた道や冠雪した道といった『道なき道』、で安心してお使いいただける走行性能と壊れにくさこそがジムニーに求められている『性能』だと考えています。

田舎生まれの青年が都会で暮らすようになってスマートになったものの、故郷の田舎＝原点に戻ったということでしょうかねぇ。

最新型ジムニーの開発に際して苦労された部分は

20年続いた先代ジムニーから“原点回帰”へと方針を変更して、この先20年通用するモデルを開発することは簡単ではなかったと思いますし、開発陣はよくやってくれたと思います。

『ジムニー』は1970年に発売されて以来、日本及び世界市場で300万台を越える販売台数を誇っていることについて

発売当初営業部門からは「年300台くらいが関の山」、と言われていましたが、四輪駆動の軽自動車という他に無い独自性を評価いただいた結果、発売からわずか3か月で1,000台を越えるご注文をいただきました。その後、主に海外市場向けとして排気量が1,000ccを越える小型車を追加致しましたが、50年間『軽量・小型な本格四輪駆動車』というジムニーの基本を変えずに貫き通したことを、全世界の大勢のお客様にご支持いただけたものと感謝しております。

歴代ジムニーを愛用されている方々へメッセージを

まずもってジムニーをお選びいただき、またお使いいただきまして誠にありがとうございます。これからも、ご購入いただいたお客様一人一人のお仕事のお役に立ち、生活を豊かにするお手伝いができるよう、高品質なクルマを、お求め易い価格でお届けすることに全力で取り組んでまいります。皆様のご期待に沿うだけでなく、皆様のご期待を上回るクルマづくりに全社一丸で努めてまいります。

スズキ株式会社 代表取締役会長

目　次

ジムニーの50年

カタログでたどる　スズキジムニーの50年

ジムニーの50年

1970（昭和45）年3月15日（日）～9月13日（日）の183日間にわたって大阪で開催された「日本万国博覧会」には77カ国が参加、入場者は6400万人を超える大盛況で、日本中が万博に沸き返っている頃、鈴木自動車工業株式会社（現スズキ株式会社）から1台のユニークな軽自動車が発売された。

1970年3月3日、東京パレスホテルで発表され、4月10日に発売された「スズキ ジムニー」であった。360ccのエンジンを積む軽自動車であったが、ラダーフレームを持ち、高低2速のトランスファー（副変速機）でジープと同じ16インチの大径タイヤを駆動し、高い悪路走破性能を持つ本格四輪駆動車であった。発売してみると、それまで大型車しかなかった四輪駆動車市場に旋風を巻き起こし、販売台数を大きく伸ばした。その後、800、1000、1300ccの小型車を加えた結果、海外での販売が伸び、ジムニーの年間最多生産台数を記録した1987年度には、20万5500台の実に91.5％にあたる18万8000台が輸出されている。

2020（令和2）年にジムニーが誕生50周年を迎えたのを機に、4世代、50年にわたって世界中のファンに愛されてきたジムニーの変遷を、カタログでたどってみることにした。

スズキ株式会社も1920（大正9）年3月、個人経営であった鈴木式織機製作所を鈴木式織機株式会社に改組してから、2020年は創立100周年となる節目の年である。

スズキが二輪／四輪車の研究、試作を始めたのは戦前の1937～39（昭和12～14）年であったが、第2次世界大戦によって中断、二輪車については、1952年に自転車に装着する補助エンジン（パワーフリー号）、1954年に二輪完成車（コレダ号）を発売した。四輪車については1954年に軽四輪自動車の研究を始め、翌1955年に軽四輪車「スズライト」を発売。1954年には社名を鈴木自動車工業株式会社に変更し株式を上場。1961年には軽トラック「スズライトキャリイ」、1962年には「スズライトフロンテ」、さらに、1965年にはわが国初となるFF駆動の小型乗用車「スズキフロンテ800」を発売している。

第1章
ジムニー発売までのスズキ小史

■鈴木式織機製作所の設立

創業者の鈴木道雄は1887（明治20）年2月18日に静岡県浜名郡（現浜松市）の農家で誕生。1901（明治34）年、14歳のとき大工職の弟子として7年間の徒弟契約を結ぶ。しかし、1904年2月に日露戦争が勃発すると建築の仕事が減り、足踏み織機の製作を始めた。やがて徒弟奉公を終えると、鈴木道雄は独立を決意し、1909（明治42）年10月、独力で鈴木式織機製作所を設立し織機の製作を始めた。道雄が製作した織機は従来のものよりはるかに能率よく好調なスタートを切った。その後独創的な装置の発明や、足踏み式から動力を使った力織機の開発など、実用新案や特許を取得し、時代の要求に応えた鈴木式織機は注文殺到で、業績が伸び、利益も向上したことから飛躍への転機と判断し、1918（大正7）年末ごろから製作所を株式会社組織にする構想を練り始めたという。

初代社長　鈴木道雄

大正初期の鈴木式織機製作所工場

初期のサロン織機

■鈴木式織機株式会社の設立

飛躍への転機を探っていた鈴木道雄は、1920（大正9）年3月15日、その構想を実現させ、鈴木式織機株式会社を設立した。以後この日がスズキの創立記念日となる。新会社創立時の株主は72名、資本金50万円であった。この頃は第1次世界大戦の終結とともに、戦後恐慌が日本を襲っており、まさに嵐の中へ船出したのであったが、競合他社にはない独自製品の開発によって業績を伸ばしていった。特に1930（昭和5）年に完成したサロン織機によって、国内はもとより、東南アジア方面に進出をはかる基礎を築いた。インドネシアでは「スズキ」といえば織機を意味するほどになっていた。太平洋戦争勃発までにインドネシアに輸出された鈴木式織機の台数はおよそ2万5000台に達していた。1936年ごろには鈴木式織機は世界的な繊維機械メーカーに成長していたのである。

■自動車の研究開始

鈴木式織機事業は活況を呈していたが、鈴木道雄社長は織機を造るだけでは満足せず、常に新しい分野へ

戦前の試作車

の進出を考えていた。織機は半永久的な寿命があり、織機製造だけでは事業に一定の限界がある。会社が長期にわたって安定した成長を続けるためには、消耗品の製造にも踏み出さねばならない。このように考えていた鈴木道雄は、自社の技術力と国民経済の方向をにらみ、その対象を自動車に絞った。1936（昭和11）年のことであった。

最初に始めたのはオートバイエンジンの試作であった。そして、1937年8月には参考車として、当時世界一流と言われていたイギリス製小型四輪車オースチンセダンを約4000円で購入した。大卒銀行員の初任給が70円ほどのころであった。

オートバイエンジンの試作は1937年秋に成功し、これに力を得た研究陣は四輪車の研究に全力を傾注していった。自動車の研究は浜松市相生町の本社内研究室で進められ、1939年夏には数台の試作車を完成させた。エンジンは750cc 4サイクル水冷4気筒13ps/3500rpm、トランスミッションはヘリカルギアの4速コンスタントメッシュを積み、クランクケースやミッションケースはアルミ鋳造品が採用されていた。

■戦争の時代

自動車の研究を本格的に進めようとしていた矢先、わが国の社会環境は急速に変貌を遂げていたのである。1937（昭和12）年7月に始まった日中戦争は、日に日に戦火を広げ、同年9月には軍需工業動員法の戦時規定が適用され、全国の主だった工場は軍需工場に変わっていった。

鈴木式織機も軍需品の生産を開始したが、戦火の拡大につれて軍の増産命令も強まり、本社工場だけでは軍の要求を満たすことができなくなり、1939年に浜名郡可美村高塚（後の本社所在地、浜松市高塚町）の約16万5000㎡の土地を買収して高塚工場の建設を進め、1940年夏には操業開始した。

1941年12月8日、わが国が破滅への道を進むことになる太平洋戦争に突入すると、社長以下全員が超非常時下の活動に入っていった。

所定労働時間は10時間、それに2時間以上の残業が毎日加わり、休日は月2回であった。生産したのは手榴弾、榴弾、高射砲弾、航空機用照準器、迫撃砲、2連高射機関砲などであった。

軍需生産が拡大の一途をたどっていた1944年12月、突如 M8.1の東南海地震が発生、本社工場および高塚工場も少なからぬ被害を被っている。また、この頃からアメリカ軍の長距離爆撃機 B29による日本本土に対する戦略爆撃が激しくなり、鈴木式織機も1945年4月30日、5月19日に空襲を受け、さらに7月29日夜には遠州灘沖に現れた8隻のアメリカ艦隊から2時間にわたって艦砲射撃を受け、本社工場の95%が破壊しつくされたと言われる。被害は設備だけにとどまらず、空襲、砲撃、機銃掃射により多くの従業員の尊い命も奪われている。

空襲を避けるため、岩山にトンネルを掘って機械設備を移すべく、合計6本のトンネルを貫通させたが、本格的な操業に入る前に敗戦の日を迎えた。

■敗戦

1945（昭和20）年8月15日、わが国はポツダム宣言の無条件受諾を決め、太平洋戦争で負けた。本社工場は爆撃で廃墟と化し、高塚工場は連合軍に占領されていた。敗戦と同時に巨額な軍需品の納品代金の回収はとどこおり、工場の疎開費用も未収のままであった。一方では、数千名の従業員がおり、まさに存亡の危機であった。8月31日に全員解雇し、一部の従業員で残務整理にあたり、その後、再就職の希望者を募ったところ350名が申し出たという。

敗戦からおよそ1カ月後の9月18日、浜松の事務所・工場は閉鎖され、本社は高塚工場に移された。同時にGHQ（General Headquarters/Supreme Commander for the Allied Powers：GHQ/SCAP：連合国軍最高司令官総司令部）および政府から、民需生産へ転換する許可を受け、生産設備を整えて手持資材で織機製造の準備を進めた。しかし、敗戦後の数年は織機が売れるような状況ではなかった。誰もが経験したことがない食

1945年以前の本社工場

1945年9月に本社となった高塚工場

糧危機のさなかにあった。

そこで、市民生活に当面必要なものから、手当たり次第に生産することとして、農機具の鍬や鎌、シャベル、ペンチ、ドラム缶のキャップ、汽車の窓の開閉器、機関車の部品、電気コンロ、オルガン、ハーモニカ（これはオリオンの名前で販売された）などを作り、塩が不足していたので、遠州浜で電気製塩をしたこともあったと言われる。なりふり構わず生きるのが精いっぱいの時代であった。

■二輪車産業への転身

「自転車に補助エンジンをつけたら楽じゃなかろうか……」釣りを趣味とする常務の鈴木俊三は、釣りからの帰り道、自転車をこぎながら思いついた。1951（昭和26）年秋のことであった。すぐ行動に移り、1952年1月には試作1号機を完成し、鈴木俊三によって「アトム号」と命名された。2サイクル 30cc 0.2馬力程度のエンジンであった。このエンジンではやや力不足を感じたため、36cc に拡大したエンジンを4月に完成し「バイク・パワーフリー号」と命名された。

バイクエンジンを事業化するにあたっては、反対意見も多かったが、押し切って1952年6月に発売すると好評を博した。好調な売れ行きの背景には、厳しく統制されていたガソリンが6月30日から自由に買えるようになったこと、さらに7月には原動機付自転車（2サイクルは60cc まで、4サイクルは90cc まで）の運転が免許制から許可制に変わったことなどが考えられる。

しかし、発売2カ月後ぐらいから、不具合が散見されるようになり、さらなる改良を加え、1953年3月に発売されたのが、60cc にボアアップした「ダイヤモンドフリー号」であった。価格は3万8000円で、当初月産4000台であったが、秋には6000台に達するという大ヒット商品となった。

7月には富士登山レースに参加して優勝を勝ち取り、8月には乗鞍岳登頂に成功、10月には札幌から鹿児島まで、全行程3000km の日本縦断性能テストに3台で挑戦し、18日間、実走行時間93時間21分、無故障で鹿児島に到着、「SUZUKI」の名を大いに高めた。

次に目指したのが完成車の製造で、気筒容積が大きくとれる4サイクルが選ばれ、1954年5月に90cc の「コレダ号 CO 型」が発売された。発売2カ月後に富士登山レースに挑戦し、86台の参加車をおさえて優勝し「SUZUKI」の声価を確固たるものにした。

『モーターファン』誌1953年5月号に載ったダイヤモンドフリー号の広告

『モーターファン』誌1955年4月号に載ったダイヤモンドフリー号とコレダ号の広告

1955年4月1日、運転免許制度が改正され、原動機付自転車は50cc以下（第1種）と、51cc以上125ccまで（第2種）の2区分となり、2サイクルと4サイクルの区分がなくなった。こうなると実用性の高い125ccクラスに人気が集まると判断し、125ccの「コレダ号COX型」へとマイナーチェンジされた。

気筒容積が同じなら4サイクルより2サイクルのほうが構造も簡単でコストが安く、トルクが大きく耐久性があり故障が少ないと考え、2サイクルエンジンの開発に挑戦、1955年4月に「コレダ号ST型」が発売された。ST型のSはスズキ、Tは2ストロークのイニシャルをとったもので、名付け親は専務の鈴木俊三であった。ST型は爆発的な人気を呼び、その後6年にわたって幾度かのマイナーチェンジをしながら10万台販売された。「コレダ号ST型」と原動機付自転車第1種適応の2サイクル50cc「ミニフリー号」の広告を載せたが、「コレダ号はレーサーではありません・・・」のコピーをつけて飛ばし過ぎをけん制している。

■社名変更と四輪車生産

小型エンジン製造から完成二輪車製造へと歩みを進めた鈴木式織機株式会社は、1954（昭和29）年6月1日、鈴木自動車工業株式会社へと社名変更し、自動車産業への挑戦のスタートを切ったのであった。なお、鈴木式織機株式会社は、別会社として1961年4月に浜松市新橋町に設立されている。

1954年1月末、フォルクスワーゲンを1台購入し、2月にはロイトとシトロエン各1台を購入して分解研究を進め、同年3月には試作車の設計図を完成。8月25日にはシャシーに360ccエンジンを積んだ試作車が完成、テスト結果も問題なく、9月1日にはボディーも完成して試作第1号車が完成した。サンプルカー購入からおよそ半年で試作車を完成するという驚異的な速さであった。

1953年、ドイツ製ロイトのカタログ

スズライトの箱根登坂テストに立ち会う鈴木道雄社長（スーツの人物、1954年10月25日）

左ハンドルのスズライトSF（1954年）

10月25日に試作第2号車が完成すると、試作車2台による箱根登坂テストを決行。そのまま東京を目指し、当時、自動車販売業の第一人者と言われた梁瀬自動車社長に試乗評価を依頼した。梁瀬次郎社長が自らハンドルを握って都内を一回りしたあとのコメントは「うん、これはいい車だ。性能もいい、九段の裏坂のような難路も走ってみたが、少しも問題はなかった。これは売れますよ。早速本格的につくりなさい」この言葉を直接聞いた鈴木道雄社長や開発メンバーは、百万の援軍を得た思いであったという。

■軽自動車のパイオニア「スズライト」登場

箱根登坂テストの結果をフィードバックして再設計された試作3号車が完成したのは1955（昭和30）年4月であった。同年7月20日に運輸省名古屋陸運局から、セダン、ライトバン、ピックアップの3種類の正式認定を受け、まず30台を目標に生産を開始、10月に軽四輪車「スズライト」の名前で発表された。「スズ」は鈴木の略、「ライト」は軽いという意味のほか、光明をも意味した命名であった。価格はセダン42万円で、ライトバン39万円であった。

当時の国民所得などから見た需要予測、会社の資産状況などを総合的に考えた結果、下の「スズライト生産台数の推移」の表で明らかなように、すぐには量産化には移らなかったようだが、スズライトはわが国の軽四輪車のパイオニアであった。スバル360が登場するのは3年後の1958年であり、1960年にはマツダ R360クーペ、1966年にダイハツフェロー、1967年にホンダ N360とつぎつぎに軽四輪車が登場することになる。

スズライトのカタログ

初期のスズライト生産工場

スズライト生産台数の推移（単位：台）

年	乗 用 車	商 用 車
1954	3	0
1955	28	0
1956	228	0
1957	399	0
1958	480	0
1959	480	677
1960	0	5,824
1961	0	13,283
1962	0	33,792
1963	1,551	38,295
1964	1,792	39,087
1965	1,370	40,210
1966	2,147	64,704
1967	26,052	89,577
1968	96,133	96,878
1969	121,654	116,403

スズライト生産台数の推移（1954～69年、単位：台）

スズライトは、わが国で初めて量産四輪車に2サイクルエンジンを搭載し、駆動方式にFF（フロントエンジン、フロントドライブ）を採用しており、技術的な面でも注目に値する。

■ジムニー登場までの四輪車の変遷

1957（昭和32）年2月28日、社長の鈴木道雄は古希（70歳）を迎えたのを機に退任し、2代目社長には専務取締役であった鈴木俊三が就任した。

1959年7月、スズライトを市場の中心であった商用車に絞りモデルチェンジした「スズライトバン（TL）」が発売された。この頃から生産台数は急速に伸びていく。

1961年10月、初代「スズライトキャリイ（FB）」発売。当時、軽四輪トラック最大の荷台面積、軽四輪車最高出力の21馬力、全国標準現金価格29.5万円で好評を博した。

1962年3月にはスズライトバン（TL）を一部改良し、大人4人が乗れる乗用車「スズライトフロンテ（TLA）」として発売した。スズキのフロンティア精神と、独特のフロントエンジン・フロントドライブ方式を合わせて象徴する名称として「フロンテ」と命名された。

2代目社長　鈴木俊三

1961年、スズライト360TL

1963年3月、「スズライトバン（FE）」発売。TL から FE にフルモデルチェンジしたもので、エンジンを新設計し、2サイクルエンジンのオイルとガソリンの自動混合装置「セルミックス（SELMIX）機構」を採用した。

同年5月にはフルモデルチェンジした「スズライトフロンテ（FEA）」を発売。FEA は5月に開催された第1回日本グランプリレースの軽自動車部門で1、2、4、8位を獲得している。

1964年9月、「スズライトキャリイバン（FBD）」発売。キャリイ FB をベースに車体後部をバン型としたモデル。

1965年6月、「スズライトキャリイ（L20）」発売。FB 型のセミキャブ型式、広い荷台、強力なエンジンはそのままに、居住性の向上、乗用ムードを狙った。フロントサスペンションは半楕円リーフのリジッドからウイッシュボーン型独立懸架に変更された。翌年1月には「スズライトキャリイバン」が発売されている。

スズライトキャリィ360

1964年、スズライトフロンテFEA

1965年8月、スズキ初の小型乗用車「スズキフロンテ800（C10）」が発売された。フロンテ800が公開されたのは1963年10月、東京･晴海で開催された第10回全日本自動車ショーであり、発売まで2年近く要したことになる。

1966年3月には荷台の広いキャブオーバー型のトラック「スズキキャリイ（L30）」が発売された。

1967年4月、コークボトルスタイルの斬新なデザインと、高性能2サイクル空冷3気筒エンジン、RR 駆動方式を採用した「スズキフロンテ360（LC10）」を発売。爆発的にヒットした。

1968年3月、キャブオーバー型の「スズキキャリイバン（L30V）」を発売。リアサスペンションはリーフスプリング＋ドディオンアクスルで、ドライブシャフトにはボールスプラインが採用されていた。

1969年1月、スズライトバン（FE）をフルモデルチェンジして、デザイン、内装に乗用車ムードを取り入れ、

1963年5月、第1回日本グランプリレースでスズライト優勝（1位、2位独占）

駆動方式をRRとした「フロンテバン360（LS10）」を発売。同年7月には「フロンテエステート（3ドアセダン）」を発売。

1969年7月にはキャリイ（L30）のモデルチェンジとしてフロンテと共通の計器類で乗用ムードを出し、外観も特徴的な角型ヘッドランプを採用した「スズキキャリイ（L40）」を発売。同年11月には「スズキキャリイバン（L40V）」を発売している。

1963年10月、第10回全日本自動車ショーで発表されたフロンテ800

第2章　第1世代ジムニー

■ジムニーのルーツと初代ジムニーLJ10誕生

スズキジムニーの誕生には物語がある。1950年代から1960年代中ごろにかけて「ホープスター」のブランド名で軽三輪車と軽四輪車を生産していたホープ自動車（株式会社ホープとして存続したが､2017年に倒産）は、1965（昭和40）年に自動車の生産を一度中止していたが、1967年12月に軽自動車初の四輪駆動車「ホープスターON型」を発表した。カタログのコピーに「軽免許で乗れる不整地用万能車ホープスターON型」とうたう、ジープを小さくしたようなオフロード車であった。

1967年4月、東京パレスホテルでのフロンテ360発表会

1968年3月、発売されたキャリィバン（L30V）

そのホープスターON型の製造権が売却されることになり、打診を受けたのが鈴木自動車工業（現スズキ）であった。

ホープスターON型の買取契約についてはスズキ製エンジンを積んだホープスターON型を5台納車することを条件とし、完成したプロトタイプ車によって1968年8月から車両型式「LJ10」として開発をスタートした。スズキは前輪駆動車（FF）と後輪駆動車（RR）のノウハウを持っていたが、四輪駆動車は手掛けたことがな

1954年、ホープスター軽三輪車（ON2）のカタログ

ホープスター軽四輪車と軽三輪車のカタログ

会長 鈴木 修

ホープスターONのカタログ。カタログでは、ホープスターの特徴として、①他に類例ない全輪駆動車 ②安全、確実な三系統式ブレーキ ③大きなロードクリアランスと大径タイヤ ④快的（原文ママ）な視界 ⑤多方向への動力取出が可能 ⑥高性能エンジン及主要伝導装置をアピールしている。また、「あらゆる地形を容易に、快適に走破し、万能作業車として使用し得る秘密は…」として特許出願中との記載がある

かった。そのため、四輪駆動車の使用用途を考え、川を渡ったり、1メートルの高さから落下させるという過酷なテストが繰り返された。そして、ようやく完成した試作車をタイに送って現地の学術調査に参加させ、熱帯のオフロードでテスト走行を実施した。その経験を生かしジムニーは完成した。

そして、1970年3月、359cc 2サイクル空冷2気筒25ps/3.4kg-m エンジンを積む軽自動車サイズだが、ラダーフレームを持ち、高低2速のトランスファー（副変速機）でジープと同じ16インチの大径タイヤを駆動し、シンプルだがアトラクティブなボディーで車両重量600kgの軽量化を図り、高い悪路走破性能を持った、初めての量産型軽四輪駆動車「スズキジムニー LJ10-1型」が発表され、同年4月から発売された。

ジムニーの開発については、スズキ社内でも「売れないのではないか」と懐疑的な意見も多かったが、発売してみると、それまで大型車しかなかった四輪駆動車市場に旋風を巻き起こし、販売台数を大きく伸ばした。その後、800、1000、1300ccの小型車を加えた結果、海外での販売が伸び、その後のスズキ四輪車の輸出の先兵となった。ジムニーの年間最多販売台数を記録した1987年度には、約20万5500台の実に91.5%にあたる約18万8000台が輸出されている。スズキジムニー LJ10型は鈴木修常務（当時）の英断によって、新しい軽自動車の可能性を具現化した記念すべきクルマである。その後、4世代にわたり50年間も量産されるロングセラーモデルとなり、世界累計約300万台（2020年7月現在）に達した。ジムニーはこれからも世界中のファンたちの期待に応えるべく進化するであろう。その礎を築いたのがLJ10型であった。

シュタイア・プフ ハウリンガーのカタログ

ジムニーLJ10-2型（1971年1月）

それにしても、なぜ一度は自動車の製造を断念したホープ自動車がON型のようなユニークなクルマを造ったのだろうか。考えられるのは1964年9月、晴海で開催された第11回東京モーターショーに、総合商社の丸紅飯田（現丸紅）がオーストリアのシュタイア・ダイムラー・プフ社製「シュタイア・プフ ハフリンガー」を輸入して出展しており、ホープ自動車はこのクルマに触発されてON型を造ったのではないだろうか。

LJ10-2型：市場ニーズに合わせた改良

発売翌年の1971年1月には早くもマイナーチェンジを実施してLJ10-2型となった。エンジンを27ps/3.7kg-mにパワーアップし、トランスミッションはキャリイと全く同じものから、ジムニー用にギア比が変更され、登坂力が27.5度から33度に向上している。トランスミッションのリバースの位置が2速の左側から4速の右側となり、タイヤが6.00-16-6PRから6.00-16-4PRに変更されて乗り心地が向上した。ボンネットの両サイドに放熱用のスリットが追加され、ボンネットロック（キー付きのグローブボックス内に設置）とパーキングブレーキにもキーが追加設定された。また、オプションで燃焼式ヒーターも設定された。テレビCMで使われたキャッチコピー「最前線志願」が象徴するように、ジムニーの価値を知らしめた記念すべきモデルである。

LJ20型：水冷エンジン搭載

1972（昭和47）年5月、LJ10型のエンジンを水冷化したLJ20-1型が発売された。エンジンはL50型359cc 2サイクル水冷2気筒28ps/3.8kg-mとFB型に比べわずかな向上だが、オフロード車として大切な中低速にかけてエンジンの力が最も効率よく出せる出力特性を備えている。その結果、登坂能力は35度と驚異的になり、これは2～3Lクラスの四輪駆動車に匹敵した。水冷化の最大のメリットはヒーター性能の向上で、さらにバンモデルが追加設定されたことで、特に降雪地帯のユーザーに歓迎された。また、フロントグリルが縦スリットのデザインになったのもLJ20型からで、これはその後のジムニーに継承されることになる。

LJ20-2型：新保安基準対応、幌型4人乗りモデル追加

1973年11月、改正された新保安基準に対応するためにマイナーチェンジされLJ20-2型となった。主な変更点は、フロントの方向指示灯と車幅灯を分離、ブレーキマスターシリンダーがタンデム型に変更され、配管が前後

ジムニーLJ20-2型幌タイプ4人乗り（1975年2月）

分離されて安全性が向上した。助手席シートがヘッドレストなしからドライバーシートと同じヘッドレスト一体型のハイバックシートに変更され、シートベルトも装着された。なお、トランスミッションのギア比もわずかではあるがハイギアードに変更されている。

1975年2月にはLJ20-2型に幌型4人乗りモデルLJ20F型が追加設定された。

LJ20-3型：50年排出ガス規制対応

1975年12月にはLJ20-3型となり、50年排出ガス規制をクリアするため、エンジンにエキゾーストロータリーバルブ（ERV：Exhaust Rotary Valve）を装着して未燃焼ガスの吹き抜けを抑え、HCを大幅に減少し、さらにチョーク戻し忘れ防止装置も付けて扱いやすさを向上させ、燃費も良くなっている。しかし、エンジンの最高出力は28psから26psに落ちている。

LJ50型：550ccの輸出専用モデル

ジムニーは輸出もされ、海外でも小型の四輪駆動車に対するニーズが存在しており、好評であったが、エンジンがあまりにも非力であった。そこで、359cc 2サイクル2気筒に1気筒追加したLJ50型539cc 2サイクル水冷3気筒33ps/5.8kg-mエンジンを積み、1974（昭和49）年に輸出専用モデルとして登場したのがLJ50型である。モデルバリエーションは幌タイプ（LJ50型）、バン（LJ50V型）に加えて、国内仕様には無かったピックアップ（LJ51型、ホイールベースが他のモデルより270mm長い2200mm）が設定されていた。この後、ジムニーは輸出モデルとしての性格を強めていき、1974年度には初めて海外販売が国内販売台数を上回り、約1万2700台の内、約6900台（54.3%）が海外で販売されている。

■ SJ10型：軽自動車新規格550ccエンジン搭載

1975（昭和50）年4月に50年排出ガス規制が導入され、各車ともエンジンの出力低下を招いていた。特に軽自動車は影響が大きかったため、運輸省は1975年8月、軽自動車の枠拡大を決定、排気量360cc以下⇒550cc以下、全長3000mm以下⇒3200mm以下、全幅1300mm以下⇒1400mm以下に変更して1976年1月実施とした。これに対応すべく、1974年に輸出専用モデルとして登場したLJ50型に搭載したLJ50型539cc 2サイクル水冷3気筒33ps/5.8kg-mエンジンに排気対策を加え、26ps/5.3kg-mにダウンしたエンジンを積み、1976年5月に発売されたのがSJ10-1型「ジムニー55」である。海外仕様に比べれば出力はダウンしたが、360ccエンジンと比較すると、馬力は同じ26psだがトルクが3.8kg-m⇒5.8kg-mと大幅にアップしたため、全域で十分なトルクを発生し、日常での使い勝手が向上している。

SJ10-2型：ボディーを軽自動車新規格に対応

1977年6月、マイナーチェンジでボディーを軽自動車新規格に対応してSJ10-2型「Newジムニー55」となった。前・後輪のトレッドを100mm拡大して、走行安定性が、バンパーの板厚、形状の変更で安全性がそれぞれ向上した。ボンネット、フロントパネル、リアフェンダーのデザイン変更と、エンジンの冷却効果を向上させるため、ボンネット前面にエア吸入用のスリットを設けた。燃料タンクを26Lから40L入りとした。幌タイプ車のキャンバスドアの取り付け方法が改善され、ワンタッチで脱着できるようになった。

SJ10-3型：愛称「たれ目」。幌タイプ車にメタルドアタイプを追加

1978年10月、マイナーチェンジと同時に幌タイプ車にメタルドアタイプを追加設定しSJ10-3型となった。主な改良点は、居住性・安全性の向上を主としたもので、ヒーター放熱量のアップ、フロントシートの改良、アウトサイドミラーの形状変更等をはじめとして、細部にわたった数多くの改良が実施された。フロントグリルのデザインが変更され、海外の法規に対応するためにヘッドランプの位置が下げられ、「たれ目」の愛称が付けられた。同時に従来のモデルには「つり目」の愛称が付けられている。メタルドアタイプは、幌タイプのドア部分を鋼板ドアとしたモデルで、幌タイプの特徴を生かしながら、乗り降りのドア操作、ウインドーの開閉が容易となった。

ジムニーSJ10-3型メタルドア（1978年10月）

SJ10-4型：改良を重ね、第1世代ジムニーの完成形

1979年11月、マイナーチェンジを受けSJ10-4型となった。54年騒音規制をクリアするため、マフラー構造を変更して静粛性を向上。幌タイプ車の幌の側面および後部の窓を大型化し、視界を向上。電動式ウインドーウォッシャーを採用するとともに洗浄液タンク容量を2.2Lに増加。また、全機種に新しい車体色が採用された。

■ SJ20型：スズキ初の四輪車用4サイクル800ccエンジン搭載

1977（昭和52）年10月に発売されたSJ20-1型「ジムニー8（エイト）」は、スズキ初の四輪車用4サイクル800ccエンジンを積み、ジムニー伝統の小型・軽量なボディーに、高性能エンジンがマッチして、四輪駆動車として必要な機動性、走破性の向上に加えて、小型車となったことでけん引が可能となった。新開発のF8A型797cc4サイクル直列4気筒41ps/6.1kg-mエンジンの特徴は、①SOHC機構のV型弁配置で、吸排気ポートを独立クロスフロー構造として高い吸排気効率を得るとともに、スキッシュ付き多球型燃焼室を採用して、出力と燃料

ジムニーSJ20型に搭載されたF8A型797cc水冷直列4気筒エンジン（1977年10月）

海外専用モデル、スズキLJ80型のカタログ

消費率の向上を図った。②カムシャフトおよびロッカーシャフトの取り付けをシリンダーヘッドと一体化してコンパクト化を図った。③カムシャフトの駆動にはタイミングベルトを採用し、静粛性と軽量化を図った。④シリンダーブロックはディープスカート方式を採用し、エンジンの耐久性と静粛性の向上を図った。⑤クランクシャフトは一体鍛造5ベアリング方式とし、高速運転による耐久性の向上を図った。

SJ20-2型：愛称「たれ目」。幌タイプ車にメタルドアタイプを追加

1978年11月、SJ10-3型に準じたマイナーチェンジが実施され SJ20-2型となった。

SJ20-3型：SJ10-4型に準じた改良

1979年11月、SJ10-4型に準じたマイナーチェンジが実施され SJ20-3型となった。

■LJ80型：海外向け4サイクル800cc エンジン搭載車

1977（昭和52）年6月、国内向け800cc 車 SJ20型より4カ月ほど早く登場した、海外向け4サイクル800cc エンジン車が LJ80型である。海外専用モデル LJ50型（550cc）の車体に F8A 型797cc エンジンを積んだモデルで、SJ20型の海外向けモデルとも言える。モデルバリエーションは幌タイプ（LJ80型）、メタルドア付き幌タイプ（LJ80Q型）、バン（LJ80V 型）に加えて、国内仕様には無かったロングホイールベースのピックアップ（LJ81K 型）が設定されていた。

LJ80型の登場により、海外での人気は一層高まり、1980年度にはジムニーの総販売台数約5万2400台の内、実に約3万8500台（73.5%）が海外で販売された。

第3章　第2世代ジムニー

■SJ30型：世界市場を意識して開発した世界戦略車

1981（昭和56）年5月、ジムニー発売から11年目にして、まったく新しいデザインの2代目ジムニー SJ30-1型「NEW ジムニー」が発売された。SJ10型との共通部品はエンジンを除いてまったくないと言えるほどで、そのエンジンも26ps/5.3kg-m から28ps/5.4kg-m に強化されていた。特にシャープでボリューム感あふれるボディーデザインは、シティーユースでもアウトドアでも似合うクルマとして大ヒットした。角張ったボディーは軽自動車規格一杯に造られており、室内も従来車に比べゆとりのあるものとなっていた。

幌タイプ車のＢピラーはロールバー的な存在で、幌のアンカーとしても使われ、幌の張りの強さと素早い脱着を可能とした。ボディーカラーに赤や黄色など明るい色を設定、金髪の女性が操る真っ赤な SJ30型が砂漠を疾走するテレビコマーシャルは、女性ユーザー獲得に貢献したと言われ、四輪駆動車ブームの先駆けとなり、2サイクルエンジンの軽四輪駆動車として異例の人気を誇った。

SJ30-2型：フルトランジスタ点火方式、フリーホイールハブ、ディスクブレーキ採用

1983年7月、マイナーチェンジされ SJ30-2型となり、呼称が「ジムニー550」に変更された。主な改良点は、エンジンの燃焼を安定させるフルトランジスタ点火方式を採用。フロントアクスルがフルフローティングとなり、前輪フリーホイールハブを全車に標準装備した。フルメタルドア車（FM）とハイグレードバン（VC）の前輪に水や泥に強く、確実な制動力を発揮するディスクブレーキを採用、同時に後輪にはメンテナンス不要のオートアジャスター式ドラムブレーキを採用した。サイドデフロスターを装備し、4WD 走行時の確認が容易な4WD パイロットランプをメーターパネルに追加し、ドアミラーを全車に装着した（フェンダーミラー仕様も選択可能）。

SJ30-3型：内装の向上、振動低減など商品力の充実

1984年7月、マイナーチェンジされ SJ30-3型となった。主な改良点は、インストゥルメントパネルとステアリングホイールのデザインが変更され、グレーの樹脂製となり、助手席前にアシスタントグリップが復活した。ボ

2代目ジムニーSJ30型（1981年5月）

ジムニーSJ30型キャンバスドア

ジムニーSJ30型の透視図

ディーとフレームの締め付けにマウンティングゴムを挟み込む方式を採用し、振動の低減が図られた。駐車時の盗難防止のため、ステアリングロック機構を追加した。手動切り換えの手間をなくしたオートフリーホイールハブがオプション設定された。駆動系の軽量化のために中空式プロペラシャフトが採用された。

SJ30-4型：JA71（ターボモデル）との併売

1986年1月、「ジムニー550」にターボモデルが登場したが、NA モデルも内装のマイナーチェンジを受けてSJ30-4型となった。改良点はELR 機構付きシートベルトが全車に標準装備（従来は一部のグレードに装着）され、フロントシート表皮およびドアトリムのデザイン変更、カーペットの変更などであった。

SJ30-5型：ジムニー最後の2サイクルエンジン車

1987年4月、保安基準の改定に伴い、フロントウインドシールドに合わせガラスを採用してSJ30-5型となった。2サイクルエンジンを搭載した最後のジムニーとなった。

■ JA71：新開発4サイクル EPI ターボエンジン搭載

1986（昭和61）年1月、「ジムニー550」シリーズに、SJ30をベースにジムニー初の4サイクルターボエンジンを搭載したJA71-1型「ジムニー550EPI ターボ」が発売された。F5A 型543cc 水冷4サイクル直列3気筒 SOHC EPI（Electronic Petrol Injection）ターボエンジンの出力は42ps/5.9kg-m で、併売されていたNA エンジンを積んだSJ30より14ps/0.5kg-m 強力であり、シャープな走りと燃費性能が大幅に向上した。

EPIターボエンジンは、走行状態に合わせて、各部のセンサーから送られる情報をもとに、8ビットマイクロコンピューターが燃料噴射量を正確にコントロールするEPIシステムを採用した。また、3気筒それぞれに設けた噴射装置から同時噴射するマルチポイント式によって、きめの細かいコントロールを行うとともに、ターボチャージャーは小型で水冷式のものとして、アクセル操作に対する応答性と耐久性を向上させている。

トランスミッションは高速走行に適した5速MTを積み、幌タイプ車にはスモークドウインドーを持つ新鮮なシルバー色の幌が採用され、全車に夜間の運転を楽にする明るいハロゲンヘッドライトを採用、後席への乗り降りに便利な助手席シートスライド機構を、ウォークイン機構とあわせて採用された。

ジムニー550EPIターボ JA71-1型（1986年1月）

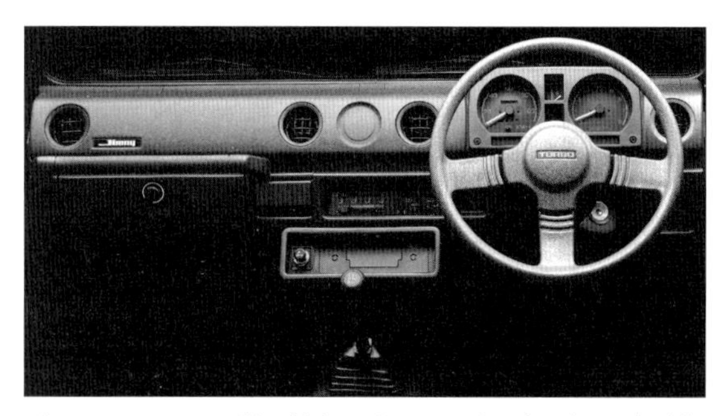

ジムニー550 SJ30-3型の新インストゥルメントパネル（1984年7月）

ジムニー550EPIターボJA71-1型に搭載されたF5A型543cc直列3気筒ターボエンジン（1986年1月）

JA71-2型：改定保安基準対応

1987年4月、保安基準の改定に伴って、フロントウインドシールドに合わせガラスを採用してJA71-2型となった。

JA71-3型：550ccインタークーラーターボ登場

1987年11月、「ジムニー550」シリーズはマイナーチェンジされJA71-3型となった。主な改良点は、EPIターボエンジンに空冷式インタークーラーを装着し、最高出力を52ps/7.2kg-m（ネット）として走行性能の向上を図り、フロントグリル回りのデザインを改め、ハロゲンヘッドランプやフォグランプを装備して、迫力ある外観としている。インストゥルメントパネル、ステアリングホイー

ジムニー550EPIターボJA71-3型に登場した「パノラミックルーフ」モデル（1987年11月）

ジムニー550EPIターボJA71-3型の新インストゥルメントパネル（1987年11月）

ル、シフトレバーノブも新デザインとなった。ダンパーやスタビライザーなどの変更によって乗り心地もより快適なものとしている。パーキングブレーキがセンターブレーキからリアブレーキと共用する方式に変更された。さらに、ハイルーフの両側にパノラマウインドーを取り付けて、明るく快適な室内空間を実現した「パノラミックルーフ」タイプ車が追加設定されている。なお、この時点で2サイクルの「ジムニー550」(SJ30型) はカタログから落とされている。

JA71-4型：550cc 車の最終モデル

1989年4月、ブレーキマスターシリンダーが小型化されるなど、わずかな変更を受けて JA71-4型となり、1990年2月に、新しい軽自動車規格車 JA11型「ジムニー660」シリーズへと進化する。

■ SJ40型：海外向けに開発された1L 車を国内販売

1982 (昭和57) 年8月、SJ30型の車体に1L エンジンを搭載した SJ40-1型「ジムニー1000」が発売された。SJ40型は海外向けとして開発された SJ410型を国内向けにしたモデルで、SJ410型は2代目ジムニーの SJ30型とほぼ同時に発売されており、1年3カ月ほど遅れて発売された。海外ではすでに好評を博しており、国内への投入は、需要が旺盛な四輪駆動車市場へのバリエーションの拡大を図り、多様化するユーザーの需要に応えたものであった。

搭載されたエンジンは F8A 型のボアアップ版の F10A 型970cc 水冷4サイクル直列4気筒 SOHC 52ps/8.2kg-m で、高速での伸びとなめらかなフィーリング、フラットなトルク特性が生む低速での粘り強さが特徴であった。フロントアクスルがフルフローティングとなり、前輪フリーホイールハブがオプション設定され、これを装着することで、高速時など二輪駆動での走行時に、前輪のメカニカルロスを軽減し、走行性能および燃費の向上を可能とした。

車種構成には、幌タイプとバンのほかに、国内向け歴代ジムニー唯一のロングホイールベース (2375mm) のピックアップがラインアップされていた。

SJ40-2型：1L 車の最終モデル

1983年7月、「ジムニー1000」はマイナーチェンジされ SJ40-2型となった。改良点は SJ30-2型に準じて、前輪フリーホイールハブを全車に標準装備。前輪に水や泥に強く、確実な制動力を発揮するディスクブレーキを採用、同時に後輪にはメンテナンス不要のオートアジャスター式ドラムブレーキを採用した。サイドデフロスターを装備し、4WD 走行時の確認が容易な4WD パイロットランプをメーターパネルに追加し、ドアミラーを全車に装着した (フェンダーミラー仕様も選択可能)。「ジムニー1000 (SJ40型)」の販売期間は2年3カ月と短く、1984年11月には「ジムニー1300」(JA51型) に進化する。

■ SJ410型：1L の海外向け専用車

1981 (昭和56) 年4月、海外向け1L 車 SJ410型は、国内向け1L 車 SJ40型発売より1年4カ月早く生産開始していた。左ハンドル車を除くと、ほぼ国内向けと同じであったが、最初から全車ドアミラーが装着されていた。1984年8月にはピックアップと同じ2375mm (標準車は2030mm) のロングホイールベースのフルメタルドア車が追加設定されている。なお、1984年に1.3L の SJ413型が登場したあとも SJ410型は併売されていた。

■ SJ413型：1.3L の海外向け専用車

1984 (昭和59) 年8月、海外向け1.3L 車 SJ413型は、国内向け1.3L 車 JA51型発売の数カ月前に生産開始していた。左ハンドル車を除くと、ほぼ国内向けと同じであったが、SJ410型との違いは、ラジエーターグリルのデザインの違いで容易に識別できる。

■ SAMURAI：1L/1.3L ワイドトレッドの海外向け専用車

1985 (昭和60) 年11月、北米向けに SJ413型をベースに、前後トレッドを90mm 拡大して前1300mm、後1310mm として、操縦安定性の向上を図って開発されたモデルが「SAMURAI」であった。その後、ヨーロッパなど他の地域向けにも販売され、1L エンジンを積む

アメリカ国内を走るスズキ「SAMURAI」(1986年)

生産累計400万台を達成した磐田工場（1987年7月）

『サムライ問題ない』
横転は運転者に原因

米国NHTSAの公式見解を報じる新聞と「SAMURAI」（1988年9月）

SJ410型もワイドトレッド化されて「SAMURAI」の呼称で販売された。ヨーロッパでは1.9L ターボディーゼルを積んだモデルなども販売されている。また、呼称についても地域によって「ジプシー」「カリビアン」など様々な名前が付けられている。

「SAMURAI」の安全問題

アメリカ市場の「SAMURAI」が大ヒットしていた1988（昭和63）年6月2日、アメリカの消費者団体から安全性に関する問題提起がなされた。コンシューマーズ・ユニオン（Consumers Union）が1936年から発行している月刊誌『コンシューマー・レポート（Consumer Reports）』が、「SAMURAI」は急ハンドルを切ると横転しやすい欠陥車であるとして、米国運輸省の道路交通安全局 NHTSA（National Highway Traffic Safety Administration）にリコールを要請。同時に、ニューヨークで問題点を指摘したビデオ映像を使って記者会見を行った。このニュースはアメリカにとどまらず、オーストラリアやヨーロッパ諸国等にも波及した。

スズキはこれに対し、鈴木修社長自らアメリカに飛び、「SAMURAI」がいかに安全なクルマであるかを主張する等迅速な対応をとった結果、問題提起から3カ月後の1988年9月1日、NHTSA よりスズキの主張を全面的

「もう楽しんでいますか？」のコピーをつけた広告の右下には、急激な旋回や操作は避け、常にシートベルトを着用するよう、注意書きが入った。

に認めた「SAMURAI の横転事故の原因は、無謀運転や道路状況による」との公式見解が出されるに至った。その後、イギリスをはじめ各国でも同様の公式見解が出されている。

しかし、この問題が販売に与えたダメージは大きく、1987年には約8万3000台であったのが、1988年にはディーラーに対してインセンティブを設けるなどの努力をしたが約5万4000台まで落ち込んでしまった。そして、追い打ちをかけるように、1989年1月、それまで2.5%であった輸入関税が25%に引き上げられ、さらに円高の影響を受けて価格が1万ドル近くになり、唯一の競合車であるジープラングラーとの価格差がなくなってしまった結果、1989年の販売台数は約5000台に激減、1991年には約4300台、1993年には約1100台となり、1995年の約600台を最後にアメリカでの販売を断念した。

1986年、わが国の輸出総額は初めて2000億ドルを突破した。このうちアメリカ向けは約800億ドル、輸出超過額は約500億ドルで、過去最高を記録している。対ドルの為替レートは1985年末に1ドル200円であったが、1987年末には122円の急激な円高となっていた。こうした巨額の貿易黒字と円高を背景に、特に円高、ドル安

でアメリカへの直接投資、なかでも不動産投資が増え、ニューヨークのティファニービル、エクソン本社ビルなどを買収し、新たな摩擦の発生が憂慮された。1987年2月には米上院で日本を敵対貿易国と規定し、貿易黒字国日本へのいらだちが示された。このような環境の中で「SAMURAI」の安全問題は発生したのである。日本はバブル景気に踊らされていた時代でもあった。

1996年、スズキはコンシューマー・ユニオンに対し損害賠償を求めて提訴、8年後の2004年に和解している。

■ JA51型：国内向け1.3L車、ワゴンタイプ（乗用車）を設定

1984（昭和59）年11月、1Lエンジンを積んだSJ40型の後継車として、1.3Lエンジンを積んだJA51-1型「ジムニー1300」が発売された。海外向けには1Lと1.3Lが併売されたが、国内は1.3Lのみの設定となった。スズキジムニーシリーズは、悪路での優れた走破性と経済性を兼ね備えた小型軽量四輪駆動車として、高い評価を得ているが、増加するレジャー用途など需要の多様化に応えて、1300シリーズでは、G13A型1324cc直列4気筒70psエンジンを搭載、5速トランスミッションの採用により燃費と静粛性を向上、楽しみの幅を広げるワゴンタイプ（乗用車）を新しく設定、オンロードでの快適な乗り心地と、オフロードでの高い走破性を両立させた足回りなど、商品力の充実が図られた。

G13型エンジンは、シリンダーブロックにアルミダイキャストを採用するなど、各部にわたり軽量化を図って78kgの整備重量を実現した。また、空気噴流急速燃焼（エアインダクション）方式を採用して、燃焼効率を高め、燃費を向上。特にワゴンタイプのエンジンには、電子制御フィードバック方式のキャブレター、および減速時燃料カット装置を装着して燃費の改善を図った。また、5速目をODとした5速MTの採用が、伸びのあるエンジン性能とあいまって、高速走行での燃費と静粛性を向上させた。エンジンの高出力化によって駆動系、足回りは強化されている。

室内装備では、前席にはバケットタイプシートを装備し、シースルーヘッドレストにより、リアシートからの圧迫感をなくすなど、快適な乗り心地としている。

JA51-2型：1.3L パノラミックルーフワゴン登場

1985年12月、「ジムニー1300」はマイナーチェンジとパノラミックルーフワゴンを新設定してJA51-2型となった。パノラミックルーフワゴンは標準ルーフのワゴンに比べて全高で145mm高いハイルーフの両側に接着ガ

ジムニー1300 JA51-2型に登場した「パノラミックルーフ」モデル（1985年12月）

ジムニー660 EPI インタークーラーターボJA11-1型の透視図（1990年3月）

ラスのパノラマウインドーを装着し、明るく広い室内空間を得ている。このモデルが誕生した背景は、フィンランドの税制にあると言われる。フィンランドでは荷室の高さで商用車と乗用車に分けており、乗用車の場合には車両価格の100%の税金がかかるが、商用車の場合にはわずか9%となるため、スズキは商用車とするためハイルーフ車を試作し、それに加えて、両側に窓を付けてみたところ、フィンランド以外の国からも要望があり設定されたという。

主な改良点は、ワゴンタイプに分離可倒式リアシートを採用、後席への乗り降りに便利な助手席シートスライド機構を、ウォークイン機構とあわせて採用、幌の色を黒から白に変更、車体側面ストライプテープを新デザインのものに変更。全車にハロゲンヘッドライトを標準装備した。

JA51-2型は1988年頃まで販売されたが、そのあと小型車規格ジムニーの国内販売は中断する。再び小型車規格ジムニーが登場するのは1993年5月のJB31型であった。

■ JA11型：軽自動車新規格660ccエンジン搭載

1990（平成2）年3月、1月から施行された軽自動車の規格改定、エンジン排気量550cc以下⇒660cc以下、全長3200mm以下⇒3300mm以下、に対応したJA11-1型「ジムニー660 EPIインタークーラーターボ」を発売した。安全性向上のため、前後バンパーを新デザインの大型のものとし、フロントデザインも一新した。ボディーの強度・剛性を向上している。エンジンは新開発のF6A型657cc水冷4サイクル直列3気筒を積み、ボア×ストロークが65mm×66mmのロングストロークタイプトとして、中低速で力を発揮する、扱いやすい性格のエンジンとしている。また、新エンジンの出力、トルクに対応してオイルクーラーの採用など、冷却系、排気系の容量を拡大しているほか、全車インタークーラーターボエンジンとして走破性を向上している。

エンジン出力アップに伴い駆動系が強化されたが、サスペンションはソフトな乗り味を出すよう改良され、路面追従性も向上している。ブレーキ機構も改善され、油圧をコントロールして、リアブレーキの早期ロックを防ぐ、プロポーショニングバルブが装着された。

JA11-2型：エンジンのパワーアップ

1991年6月、「ジムニー660」はマイナーチェンジされJA11-2型となり、呼称が660をつけない「ジムニーEPI

ジムニー EPI インタークーラーターボJA11-2型に搭載されたF6A型657cc直列3気筒ターボエンジン（1991年6月）

インタークーラーターボ」となった。主な改良点は、エンジンの最高出力が55ps⇒58psにアップし、ウォーターポンプの駆動をタイミングベルトから、クランクプーリーからVベルトで駆動する方式に変更された。小型四輪駆動車エスクードと同じタイヤパターンのデザートデューラーを採用して、乗り心地を向上させている。外観では、エンブレムをあしらった新デザインのフロントグリルとバンパーを採用し、室内では新デザインのステアリングホイールとシフトノブが採用された。

1991年11月に2400台が限定発売されたJA11-2型の特別限定車「Wild Wind Limited」には初めてパワーステアリングが装着されている。

JA11-3型：AT、パワーステアリング採用

1992年7月、ジムニーはマイナーチェンジされJA11-3型となって発売された。ただしAT車は8月1日発売。3型では、ジムニー初となるAT（オートマチックトランスミッション）搭載車をバンHCタイプに設定し、ジムニーのパワフルな走りを手軽に楽しめるようになった。外観では、良好な視界確保のためにフェンダーミラーを採用、特に助手席側には補助ミラーも合わせて採用している。また軽快なハンドル操作ができるパワーステアリングをバンHCタイプとECタイプに標準装備し、キー抜き忘れ防止装置を全車に標準装備した。

同時に、ジムニーの国内累計販売台数30万台を記念した特別限定車「SCOTT Limited」が発売されている。

三菱パジェロミニ

JA11-4型：装備の向上、ライバル「パジェロミニ」登場

1994年4月、マイナーチェンジを受けJA11-4型となった。改良点は全車にシートベルト未装着警告灯を装着し、室内に難燃化材を採用した。バンタイプ全車にパワーステアリングを装着し、バンHCタイプに加えて、パノラミックルーフECタイプにもAT搭載車を設定した。この時点で幌タイプ車は受注生産となった。

1994年12月13日、三菱自動車からパジェロで培った本格四輪駆動車機能と、軽自動車の手ごろさ、経済性を融合させた新発想ミニ四輪駆動車「パジェロミニ」が発売された。エンジンは4A30型659cc直列4気筒DOHC 20バルブターボ64ps/9.9kg-mとSOHC16バルブNAの52psで、いずれもECI-マルチ（電子制御燃料噴射）であった。これに5速MTまたは3速ATが付いた。サスペンションは前輪がマクファーソンストラット式コイルスプリング、後輪は5リンク式コイルスプリング。ボディー構造はパジェロに先行してビルトインフレーム・モノコック方式を採用。価格は111.8～147.8万円。発売後すぐに数カ月のバックオーダーを抱えるほど好評で、ジムニー発売以来初のライバルの登場であった。

JA11-5型：パジェロミニ対抗モデル

1995年2月6日、マイナーチェンジされて3月に発売されるJA11-5型のラインアップに先行して、特別仕様車「Landventure(JA11-5型)」が発売された。前年12月13日に発売された三菱の「パジェロミニ」に対抗すべく、正月休みを返上したとしても、わずか55日後に発売するとは、まさに“神業”であった。エンジンの最高出力は64ps/10.0kg-mで、馬力はパジェロミニと同じだが、トルクはわずかに優位に立っている。ターボの変更、ECUの8ビット⇒16ビットへの変更など、モデル末期であったにもかかわらず思い切った対応は、打倒パジェロミニ

の並々ならぬ意気込みが感じられた。

■JA12型/JA22型：コイルスプリング採用、初の軽乗用車仕様設定

1995（平成7）年11月、フルモデルチェンジかと見紛うビッグマイナーチェンジを受け発売されたJA12-1型／JA22-1型「NEWジムニー」。ジムニーシリーズで初めて軽乗用車仕様が設定された。最大のトピックは、前後サスペンションを3リンクリジッドアクスル式コイルスプリングとし、本格クロスカントリー4×4として一層高い走行性能と乗り心地の向上を実現している。エンジンは、JA12型にはF6A型657cc直列3気筒SOHC 6バルブインタークーラーターボ64ps/10.0kg-m（ネット）を、JA22型には新開発のオールアルミ製K6A型658cc直列3気筒DOHC 12バルブインタークーラーターボ64ps/10.5kg-m(ネット)を積む。センタートランスファーにはサイレントチェーンを採用して、振動と騒音を低減し、ギア比も見直して静粛性、快適性を向上した。マスターバックを8インチに大型化し、ブレーキの信頼性を向上している。

外観では、フロントグリル、フロントフード、フロントフェンダー、バンパーのデザイン変更と、バンパーを樹脂化。サイドミラーをドアミラーに変更、フロントウインドシールドが固定式となり前に倒せなくなった。内

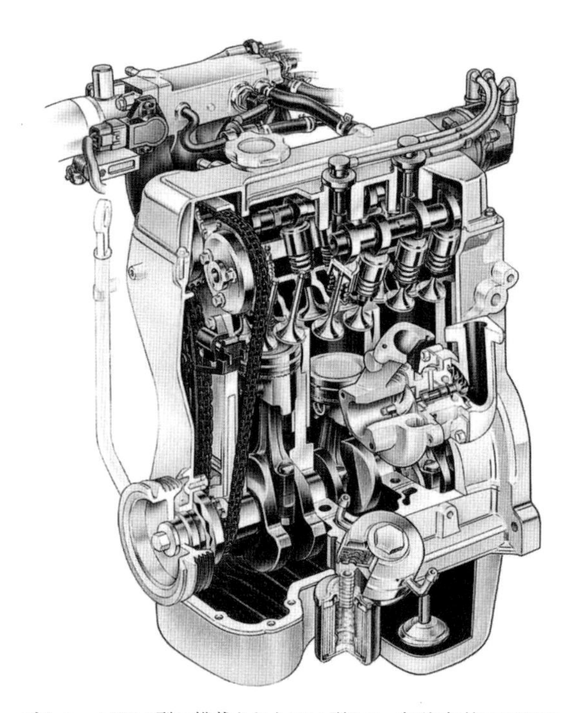
ジムニーJA22-1型に搭載されたK6A型658cc直列3気筒DOHC12バルブターボエンジン

JA12型/JA22型のコイルスプリングサスペンション（1995年11月）

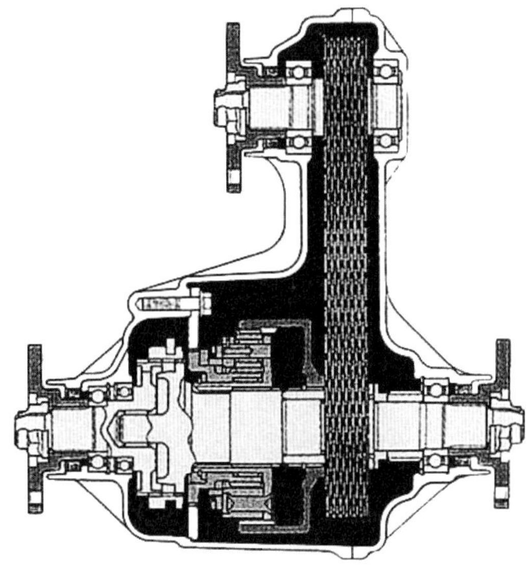

サイレントチェーントランスファー（1995年11月）

装では、インストゥルメントパネルのデザイン変更、コンソールボックスとリアサイドポケットの新設、乗用車仕様のリアシートの居住性を大幅に改善、フロントシート形状の変更とシートスライドの増加（+60mm）などであった。JA11-4型から幌タイプ車は受注生産となっていたが、JA12型 /JA22型では受注生産ではなくなった。

JA12-2型 /JA22-2型：走行中の2WD ⇔4WD 切り替え可能

1997年5月、「NEW ジムニー」はマイナーチェンジされ JA12-2型／ JA22-2型「ジムニー」となって発売された。改良点は、走行中でも二輪駆動⇔四輪駆動の切り替えがトランスファーレバーの操作のみで行える機構「ドライブアクション 4×4」を新開発して搭載。簡単に四輪駆動への切り替えができるようになった。その他、夜間の荷物の出し入れに便利なラゲッジルームランプを装着、シート表皮を変更するとともに、内装の樹脂色を変更し、明るい色調の室内とした。なお、長い間設定されてきたパノラミックルーフはこの時点でカタログから落とされている。

■ JB31型 1300 SIERRA：ワイドトレッド海外モデルの国内販売バージョン

1993（平成5）年5月、JA51型が1988年に販売を終えてから5年ぶりに小型車規格の JB31-1型「ジムニー 1300 SIERRA」が発売された。JB31型は海外モデル「SAMURAI」の国内販売バージョンと言えるモデルで、最大の特徴は片側75mm の大型ワイドフェンダーにメッキホイールの組み合わせ。そして、当時流行していたフロントグリルガードやサイドステップを装備した豪華仕様であった。エンジンは JA51型に搭載された G13A 型をストロークダウンした G13B 型で、燃料噴射を電子制御化して70ps/10.4kg-m（ネット）を発生。最大トルクを3500rpm の低回転で発生する出力特性で、ラフロードから市街地まで快適な走りができた。ラインアップは乗用車1モデルで、当初は5速 MT 車のみであったが、1993年11月に電子制御3速 AT が追加設定されている。

ジムニー1300 SIERRA JB31-1型（1993年5月）

■ JB32型 1300 SIERRA：コイルスプリング採用

1995（平成7）年11月、JA12型／JA22型と同時に「ジムニー1300 SIERRA」もコイルスプリング化されJB32-2型として発売された。サスペンションはJA12型／JA22型「ジムニー」と同様の3リンク式コイルリジッドサスペンションを採用し、エンジンはJB31型と同じG13B型水冷直列4気筒SOHCオールアルミエンジンだが、従来の8バルブを1気筒あたり4バルブ、合計16バルブに変更。同時にマルチポイント式の燃料供給システム、16ビットECU、DDLI（Double Distributer Less Ignition）などの新機構、新装備と相まって最高出力85ps/10.8kg-m（ネット）を達成。従来比20％以上のパワーアップを実現し、高速走行での伸びのある加速を得ている。さらに、2500〜5500回転の実用域でフラットなトルク特性も実現し、低速域を多用するオフロード走行時の粘り強さに一段と磨きがかかった。

その他、JA12型／JA22型に準じた改良がおこなわれ、センタートランスファーにはサイレントチェーンを採用して、振動と騒音を低減し、ギア比も見直して静粛性、快適性を向上した。マスターバックを8インチに大型化し、ブレーキの信頼性を向上している。

外観では、フロントグリル、フロントフード、フロントフェンダー、バンパーのデザイン変更と、バンパーを樹脂化。サイドミラーをドアミラーに変更、フロントグリルバーのデザイン変更し、材質をアルミに変更している。内装では、インストゥルメントパネルのデザイン変更、コンソールボックスとリアサイドポケットの新設、フロントシート形状の変更とシートスライドの増加（＋60mm）などであった。

JB32-3型 1300 SIERRA ELK：走行中の2WD⇔4WD切り替え可能

1997年5月、JA12型／JA22型「ジムニー」と同時にマイナーチェンジされ、JB32-3型「ジムニー1300 SIERRA ELK」となって発売された。改良点は、JA12型／JA22型「ジムニー」と同様、走行中でも二輪駆動⇔四輪駆動の切り替えがトランスファーレバーの操作のみで行える機構「ドライブアクション4×4」を新開発して搭載。簡単に四輪駆動への切り替えができるようになった。その他、夜間の荷物の出し入れに便利なラゲッジルームランプを装着、シート表皮を変更するとともに、内装の樹脂色を変更し、明るい色調の室内とした。さらに、カラードバンパー、バンパーモールを採用し、外観の質感を向上している。

第4章　第3世代ジムニー

■ JB23型：フルモデルチェンジで第3世代へ

1998（平成10）年10月、小型車規格の3代目ジムニーより9カ月遅れで軽自動車規格のジムニーJB23-1型が発売された。衝突安全性の向上を目的とした国内新安全基準（試験基準が前面衝突40km/h⇒50km/h、側面衝突が新設され50km/h、後面衝突の燃料漏れ防止基準38km/h⇒50km/h）に対応するため、1998年10月1日から軽自動車の規格が変更され、これに合わせた3代目の登場であった。新規格ではエンジン排気量は660ccで変わらないが、全長は3300mm⇒3400mmに、全幅は1400mm⇒1480mmに拡大された。車体の拡大に伴う重量増によって軽本来の燃費の良さ、経済性の高さ、使いやすさが失われることを避けるために、車体、エンジンなど重量部品はもとより、わずか数グラムの小さな部品に至るまで軽量化を徹底的に追求。クルマトータルで軽量設計を追求している

外観はジムニー伝統の個性を引き継ぎながら、新世代のクロスカントリー車を表現した斬新なデザインで、ボンネット一体式のフロントグリル、曲面ガラス、プレ

3代目ジムニーJB23-1型（1998年10月）

ジムニーJB23-1型のシャシー

スドアなどの採用により、空力特性に優れたフラッシュサーフェスボディー。新設計のラダーフレームを採用したことにより、3リンク式コイルリジッドサスペンションは最適化され、よりしなやかな乗り心地を目指した。エンジンはK6A型658cc水冷直列3気筒DOHC 12バルブインタークーラーターボ64ps/10.8kg-m(ネット)を積み、5速MTまたは4速ATが選択可能であった。

室内はサイドシル高の低減（敷居を低くした）とドア開口面積の拡大により乗降性を向上。足元スペースを広く取った前後のシートレイアウトと、リアシートの大型化によって居住性を向上。運転席にはランバーサポートを採用（XAを除く）、全車にフルトリム、成形天井を採用するなど質感の向上が図られた。

JB23-2型：平成12年排出ガス規制対応

1999年10月、マイナーチェンジされJB23-2型となって発売された。主な改良点は平成12年排出ガス規制に対応するための排出ガスのクリーン化と燃費向上。廉価モデルのXAにファブリックシートを採用、パワーウインドーを追加した。中間グレードのXLにステレオを追加し、バンパーおよびフェンダーアーチモールを車体色化。安全性への配慮として、全車に運転席および助手席のシートベルトにフォースリミッターが追加されている。

2000年3月にはジムニーの2WD車「ジムニーL」が発売された。本格クロスカントリータイプならではの力強く機能的なデザインを、ファッションとして街中等で気軽に楽しみたいとするユーザーニーズに対応したモデルで、ライバルのパジェロミニ2WD車に対抗したものであった。販売台数は約1000台と言われる。

JB23-3型：低排出ガス優遇税制（取得税減税）対応

2000年4月、マイナーチェンジされJB23-3型となった。排出ガスをコントロールするエンジンマネージメントの変更によって「良 - 低排出ガス」認定を受けている。

2001年2月、JB23-3型をベースに、専用フロントグリルやカジュアルな車体色等を採用したおしゃれな外観と、車体高を下げて乗降性を向上させた2WDの特装車「ジムニーJ2」が発売された。ボディーの架装は株式会社ベルアートが担当。販売台数はわずか約250台と言われる。

JB23-4型：フロントグリルのデザイン変更

2002年1月、マイナーチェンジされJB23-4型となって発売された。モデルバリエーションはXCとXGの2車種に絞られた。エンジンフードとフロントグリルを新設計し、フロントフェースを一新。フロントグリルには太めの横桟タイプを採用した。インタークーラーの大型化、インテークマニフォールドの形状変更により、低速時のトルク感を高めた。

ジムニーJB23-4型

JB23-5型：新トランスファー採用でオフロード性能向上

2004年10月、マイナーチェンジされ JB23-5型となった。2WD⇔4WD の切り替え方式「ドライブアクション4×4」に、インストゥルメントパネル内のスイッチを押すだけで切り替えが手軽に行える機能を新採用した。同時に新開発されたチェーン＋ギア式のトランスファーによって、ハイレンジでは動力の伝達をチェーンで直接行い、ローレンジではカウンターギアを介して減速し、オンロードでの静粛性とオフロードでのローギアード化を同時に実現している。その他の改良点は、黒色のフロントグリルを採用するなどフロント部分のデザインを変更して精悍さを高めた。インストゥルメントパネルの形状を一新し、質感の高いデザインとするとともに、スイッチ類を一層操作のしやすい位置と形状に変更。LED 発光メーターを採用し、視認性と上質感を高めた。空調スイッチにダイヤル式を採用するなどであった。

JB23-6型：商品性向上

2005年11月、マイナーチェンジされ JB23-6型となって発売された。改良点はヘッドライトレベライザーの追加と、ドアミラーのデザイン変更など。

JB23-7型：K6A 型エンジンの改良

2008年6月、マイナーチェンジされ JB23-7型となって発売された。K6A 型エンジンのシリンダーヘッドを改良することで、厚みのある中低速トルクを発揮、加速感と扱いやすさを向上させている。スペアタイヤにシルバーのスペアタイヤハーフカバーを採用するなどの改良が実施された。

JB23-8型：装備の変更

2010年9月、マイナーチェンジされ JB23-8型となって発売された。7型にあった抗菌インテリア、リアシートベルトチャイルドシート固定機構が廃止された。

JB23-9型：対歩行者安全対策

2012年5月、マイナーチェンジされ JB23-9型となって発売された。衝突時の歩行者頭部への衝撃を緩和するため、エンジンフードの高さや構造を変更。リアシートに ISOFIX 対応のチャイルドシート固定用アンカーを装着などの改良が実施された。

JB23-10型：内装の見直し

2014年8月、マイナーチェンジされ JB23-10型となっ

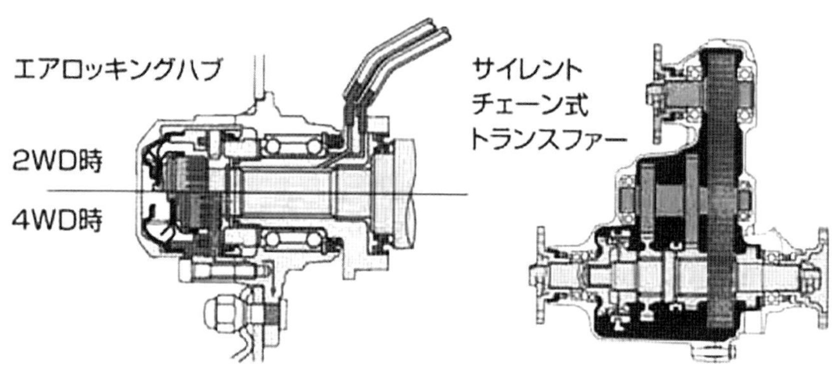

「ドライブアクション4×4」と
チェーン+ギア式トランスファー

て発売された。主な変更点はメーターやステアリングホイール、シート表皮などのデザイン変更であった。この後、2018年7月に4代目ジムニーが発売されるまで変更なく販売された。

■ JB33型：第3世代小型車規格ジムニー

3代目となる小型車規格ジムニーが「ジムニーワイド」の呼称で公開されたのは、1997（平成9）年10月、幕張メッセで開催された第32回東京モーターショーに参考出品車として出展されたのが最初であった。そして、新軽自動車規格発効待ちの3代目軽自動車規格ジムニーより9カ月早い、1998年1月、フルモデルチェンジした1.3L ジムニー JB33-1型「ジムニーワイド」が発売された。輸出モデルとして開発されたスタイルは、張りのある曲面により滑らかで力強いボディーを構成し、空力的にも優れたものであった。ラダーフレームを持つのはジムニーの伝統だが、厳しくなる安全基準を満たすためクラッシャブル構造を採用。ボディーはコンピューター解析を多用し、高剛性化を図るなど衝突安全性について配慮された。サスペンションは、ストロークを延長した熟成の3リンク式コイルリジッドサスペンションを採用。

エンジンは JB32型と同じ G13B 型1.3L SOHC16バルブだが、最大トルクを10.5kg-m ⇒11.3kg-m に向上させ、日常使用で多用する中低速域から高速域までスムーズで扱いやすいものとし、静粛性も向上させた。

■ JB43型：新世代エンジン M13A 型搭載

2000（平成12）年4月、「ジムニーワイド」JB33-1型はマイナーチェンジされて JB43-2型となって発売された。主な改良点は、新開発の M13A 型1328cc 直列4気筒 DOHC16バルブ VVT（Variable Valve Timing）88ps/12.0kg-m を積み、低排出ガス車認定制度に基づく平成12年基準排出ガス25%レベルを達成し、2000年9月30日まで、自動車取得税率も1%減免された。

ジムニーワイドJB33-1型（1998年1月）

JB43-3型：呼称を「ワイド」から「シエラ」に

2002年1月、「ジムニーワイド」はマイナーチェンジされ JB43-3型「ジムニーシエラ」となって発売された。改良点は、キーレスエントリーのアンサーバック機構にハザードランプ点灯式を採用、リアワイパースイッチを使いやすいマルチユースレバータイプに変更、ドアミラーのデザイン変更と電動格納機能とヒーター機能を追加、シート表皮を落ち着いた色調のものに変更、運転席側のサンバイザーにバニティーミラー追加などであった。

JB43-4型：新トランスファー採用でオフロード性能向上

2004年10月、「ジムニーシエラ」は JB23-5型と同時にマイナーチェンジされ JB43-4型「ニュー1.3L ジムニーシエラ」となって発売された。2WD ⇔4WD の切り替え方式「ドライブアクション4×4」に、インストゥルメントパネル内のスイッチを押すだけで切り替えが手軽に行える機能を新採用した。同時に新開発されたチェーン＋ギア式のトランスファーによって、ハイレンジでは動力の伝達をチェーンで直接行い、ローレンジではカウンターギアを介して減速し、オンロードでの静粛性とオフロードでのローギアード化を同時に実現した。

JB43-5型：商品性向上

2005年11月、マイナーチェンジされ JB43-5型となって発売された。改良点は同時にマイナーチェンジされた JB23-6型と同じ、ヘッドライトレベライザーの追加と、ドアミラーのデザイン変更などであった。

JB43-6型：商品性向上

2008年6月、マイナーチェンジされ JB43-6型となって発売された。主な改良点は、運転席シートベルトリマインダー追加、サイドドアのみであった UV カットガラスを全面に採用、スモークガラスにも UV カット機能が追加されるなどであった。

JB43-7型：装備の変更

2010年9月、マイナーチェンジされ JB43-7型となって発売された。同時にマイナーチェンジされた JB23-8型に準じて、6型にあった抗菌インテリア、リアシートベルトチャイルドシート固定機構が廃止された。

JB43-8型：対歩行者安全対策

2012年5月、マイナーチェンジされ JB43-8型となって発売された。JB23-9型と同じく、衝突時の歩行者頭部への衝撃を緩和するため、エンジンフードの高さや構造を変更。リアシートにISOFIX対応のチャイルドシート固定用アンカーを装着などの改良が実施された。

JB43-9型：内装の見直し

2014年8月、マイナーチェンジされJB43-9型となって発売された。主な変更点は横滑り防止装置&トラクションコントロールを装備、メーターやステアリングホイール、シート表皮などのデザイン変更。この後、2018年7月に4代目ジムニーが発売されるまで変更なく販売された。

■ JB33型 /JB43型 /JB53型海外モデル

第3世代ジムニーの1.3Lモデルは国内よりも海外をターゲットして開発されたモデルであった。3代目では全世界で呼称を「ジムニー」に統一している。モデルバリエーションでは国内では販売されなかった、スペインのサンタナモーター社（Santana Motor S.A.）製の幌タイプの「カブリオ／カブリオレ」がラインアップされていた。また、ヨーロッパで人気のディーゼル車（JB53）には、フランスのルノー社製K9K型1461cc直列4気筒コモンレール直噴ターボディーゼルが積まれていた。K9K型1.5dCi（Diesel Common rail Injection）エンジンには20種類以上、65ps～110psのバリエーションがあり、ジムニーには65psと85psの2機種が、2003～2010年にかけてラインアップされていたようだ。

海外仕様のJB33型ジムニーカブリオ

第5章　第4世代ジムニー

■ JB64型：伝統の基本構造を継承し、さらに進化した本格4WD

2018（平成30）年7月、4代目軽自動車規格のJB64-1型「ジムニー」が20年ぶりにフルモデルチェンジして発売された。新型「ジムニー」は、半世紀に及ぶジムニーならではのこだわりと技術を継承しつつ、ジムニーに求められる本格的な四輪駆動車としての性能をさらに進化させた。「新開発ラダーフレーム」に、「FRレイアウト」、「副変速機付パートタイム4WD」、「3リンクリジッドアクスル式サスペンション」というジムニー伝統の車体構成を継承。「ブレーキLSDトラクションコントロール」を全車に標準装備し、高い走破性能を実現した。新型「ジムニー」には専用にチューニングした「R06A型ターボエンジン」を搭載し、動力性能と信頼性を高めた。

機能を追求した内外装デザインに、取り回ししやすいボディーサイズ。見切りの良さ、荷室空間の広さや使いやすさを進化させ、様々なニーズに応える使い勝手を追求している。

また、スズキの予防安全技術「スズキ セーフティ サポート」を搭載（ジムニーXCに標準装備、ジムニーXG、XLにメーカーオプション設定）するなど安全装備を充実。経済産業省や国土交通省などが普及を推進する「セーフティ・サポートカー」の「サポカーSワイド」に該当する。新型「ジムニー」は、今回の全面改良にあわせて、初めて湖西工場（静岡県湖西市）で生産し世界に供給される。

4代目ジムニーJB64型（2018年7月）

主な特徴

●新設計のラダーフレームは、Xメンバーと前後にクロスメンバーを加えたことで、ねじり剛性を約1.5倍（先代モデル比）向上させた。さらに、車体とラダーフレームをつなぐボディーマウントゴムを新設計。乗り心地を改善し、優れた操縦安定性を目指した。
●エンジンをフロントタイヤより後方に配置し、厳しい悪路走行に有効な対障害角度を確保した。悪路走破性に優れる機械式副変速機付きパートタイム4WDを採用。路面状況に合わせて2WDと4WDを任意に切り替えて走行できる。4WDは4H（高速）、4L（低速）のモードに切り替えが可能。4Lは、通常の約2倍の駆動力を発揮し、急な登坂路や悪路の走破性を高める。
●ジムニー伝統の3リンクリジッドアクスル式サスペンションを採用。一般的な乗用車の独立懸架式サスペンションに比べ、凹凸路で優れた接地性と大きな対地クリアランスを確保。さらに堅牢な構造により過酷な使用環境にも耐える信頼性を持たせている。
●走破性能を高める電子制御のブレーキLSDトラクションコントロールを全車に標準装備。4L(低速)モード走行時、エンジントルクを落とすことなく、空転した車輪にだけブレーキをかけることでもう一方の車輪の駆動力を確保し、高い脱出性能を備えた。
●坂道発進時に役立つヒルホールドコントロールと、下り坂でブレーキを自動制御することで、車両の加速を抑えるヒルディセントコントロールを標準装備。
●悪路走行時のステアリングへのキックバックを低減し、高速走行時の振動を減少させるステアリングダンパーを新採用した。
●車両の姿勢や状況を把握しやすいスクエアボディーに、面の剛性を高める造形、降雪時に雪がたまりにくい凹凸が少ないボディー形状、走破性・積載性を高める細部の工夫など、機能に徹したこだわりの造形。丸型ヘッドランプ、5スロットグリル、クラムシェルボンネットフードなどの、ジムニーの伝統を継承するデザインアイコンを随所に取り入れている。

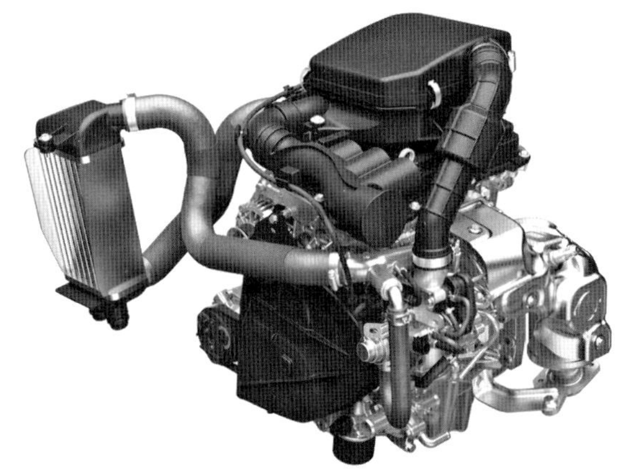
ジムニーJB64型に搭載されたR06A型658cc直列3気筒の吸気VVTターボエンジン（2018年7月）

●室内は、オフロードなど過酷な環境下での、運転のしやすさや各部の操作性にこだわった、機能に徹したデザイン。車両の姿勢・状況を把握しやすい、水平基調で力強い基本骨格のインストゥルメントパネルや、ドアミラー付近の視界を拡大する形状のベルトラインを採用している。スイッチ類など操作部には、光の反射を抑え小傷が目立ちにくい質感の高いシボを採用。高剛性化、高強度化したフロントシートフレームを採用。シートフレームの幅を70mm（先代モデル比）拡大し、上下クッション性能の向上と適正な耐圧分布を確保して乗り心地を向上させている。前席のヒップポイントを30mm後方に下げながら、前後乗員間距離を40mm拡大して居住性を向上。スクエアなボディー形状で乗員の頭上、肩まわりの空間を広くして快適性を向上している。
●ユーティリティは、幅広いニーズに応えて機能を追求した、大きな開口部と大容量の荷室。荷室床面はフラットとなり、よりスペースを無駄なく活用できる。リヤシートバック背面と荷室を樹脂化した、防汚タイプラゲッジフロア（ジムニーXGを除く）。汚れに強く、荷物の出し入れをスムーズに行える。後席シートベルトを脱着式とすることで、後席シートバックを倒した際の床面がすっきりとし、積載性を向上。荷室の使い勝手を高める、ユーティリティーナットと荷室フック用ナットを設定。ラゲッジボックス（ジムニーXGを除く）、ツールボックスを装備。
●安全対策は、安心・安全な運転を支援するスズキの予防安全技術「スズキ セーフティ サポート」を採用し、安全装備を充実させた。単眼カメラと赤外線レーザーレーダーを組み合わせた衝突被害軽減ブレーキ「デュアルセンサーブレーキサポート（DSBS）」をはじめ、誤発進抑制機能、車線逸脱警報機能、ふらつき警報機能、ハイビームアシスト、先行車発進お知らせ機能を搭載した。さらに、「車両進入禁止」に加え「はみ出し通行禁止」「最高速度」の各標識をメーター内に表示させドライバーに通知する「標識認識機能」を採用している。
●衝突安全対策は、運転席、助手席SRSエアバッグ、

4代目ジムニーJB64型のシャシー。Xメンバーと前後にクロスメンバーを加えた、新設計のラダーフレームを採用

フロントシートSRSサイドエアバッグに加えて、SRSカーテンエアバッグを全車に標準装備した。衝撃を効率よく吸収・分散する軽量衝撃吸収ボディー[TECT]、歩行者の頭部・脚部へのダメージを軽減する歩行者傷害軽減ボディーを採用した。後席乗員にもシートベルトの装着を促す後席シートベルトリマインダーを装備している（ジムニーXGを除く）。

4代目ジムニーシエラJB74型（2018年7月）

ジムニーシエラJB74型に搭載されたK15B型1460cc直列4気筒の吸気VVTエンジン（2018年7月）

■ JB74型：1.5Lエンジンを積む4代目「ジムニーシエラ」

2018（平成30）年7月、4代目小型車規格のJB74-1型「ジムニーシエラ」が20年ぶりにフルモデルチェンジして発売された。「ジムニーシエラ」は、1977年に発売された0.8Lの「ジムニー8」を原点とする小型車である。軽自動車のジムニーをベースに小型車用エンジンを搭載し、海外市場においても小型で本格的な四輪駆動車として活躍し続けてきた。

「ジムニー」シリーズは、全世界199の国・地域（2020年9月末現在）で、日々の生活からレジャー用途まで幅広く活躍し、世界累計300万台（2020年7月末現在）を販売したスズキを代表する車種であるとともに、日本が世界に誇る唯一無二のコンパクト4WDである。

基本的にはJB64型ジムニーと同じだが、新型「ジムニーシエラ」には軽量・コンパクトで燃費に優れ、出力・トルクともに向上した1.5Lの新開発K15B型エンジンを搭載し、動力性能と信頼性を高めた。今回の全面改良にあわせて、ジムニー同様、初めて湖西工場（静岡県湖西市）で生産し世界に供給する。

外観では、力強く張り出した材料着色樹脂のオーバーフェンダーとサイドアンダーガーニッシュを装備。先代モデルに対し車体全長を50mm短く、全幅を45mm拡げ、取り回しの良さと高速走行時の安定性を実現している。

カタログでたどる
スズキジムニーの50年

2020（令和2）年は、1970（昭和45）年に誕生したジムニーの誕生50周年にあたる。同時に、スズキ株式会社も1920（大正9）年に個人経営であった鈴木式織機製作所を鈴木式織機株式会社に改組してから、創立100周年となる節目の年であった。

ジムニーは半世紀にわたり、世界最小クラスの本格4WDとして国内外を問わず独自の市場を開拓してきた。当初から本格4WDを目指したジムニーは、コンパクトなボディーサイズに、ラダーフレーム、前後リジッドアクスル式サスペンション、副変速機を備えたパートタイム4WDという基本構造を採用。堅牢な車体と本格的な走破性能を誇るジムニーのDNAは、2代目、3代目、4代目へとモデルチェンジを経ても一貫して継承されている。

そこで、ジムニーの50年にわたる進化の過程をカタログでたどってみることにした。軽規格車と小型規格車を、多少前後するケースはあるが時系列で紹介する。ジムニーの70%以上は海外販売が占めており、海外版のカタログもわずかではあるが載せたので、ご高覧いただきたい。

なお、キャプションの中に価格を入れてあるが、初代から現行の4代目まですべて消費税なしの車両本体価格で統一してある。

1970年4月に発売された最初のジムニーLJ10型。

ジムニーのDNA

JIMNY DNA

**1970年の誕生以来、進化を続け、個性を磨き続けてきたジムニー
そのDNAは約半世紀を経てもけっして揺らぐことなく、新型ジム**

世界を踏破してきたジムニーの歴史

FB型 359cc
空冷2サイクル直列2気筒
軽自動車で唯一の
四輪駆動
「スズキジムニー」誕生

L50型 359cc
水冷2サイクル直列2気筒
水冷エンジン搭載
「スズキジムニー」登場

LJ50型 539cc
水冷2サイクル直列3気筒
新規格軽商用車
「スズキジムニー55」シリーズ登場

LJ50型 539cc
水冷2サイクル直列3気筒
快適性や操作性などを向上させた
2代目「ジムニー」登場

F5A型 543cc
**水冷4サイクル直列3気筒
ターボ**
電子制御燃料噴射装置(スズキEPI)4サイクルターボ車登場。
3型からインタークーラーを搭載

F6A型 657cc
**水冷4サイクル直列3
インタークーラーター**
軽自動車規格拡大に伴
が660ccにアップされ
エンジンを搭載。
3型ではATモデルも登

世界で活躍するジムニーシリーズ

世界累計販売台数
285万台
*2018年3月末現在、スズキ調べ

1970年に日本で誕生したジムニーは、アジア・ヨーロッパを中心に活躍の場を広げ、1975年にはスズキ初の海外生産車になりました。プロユースのみならず、趣味やファッションまで、あらゆるニーズに応える実力と魅力によって、消防車両や砂漠仕様といった海外専用車まで誕生しています。2001年2月にはシリーズ世界累計販売台数200万台を達成。初代から半世紀近くに渡り、世界的に見ても類のない小さな本格四輪駆動車として、ジムニーシリーズは世界中で愛され続けています。

建設現場で活躍するジムニー(1970年代)

牧場で活躍するジムニー(197

レースイベントへ出場するジムニー(2000年代)

3

エラにもしっかりと受け継がれています。

2000 2010

1,300cc

31 | JB32 | JB33/JB43

ー1300 (JB31) 5~

ジムニー1300 シエラ(JB32) 1995.11~ [1型] [2型]

ジムニーワイド (JB33) 1998.1~ [1型]

ジムニーワイド (JB43) [2型]

ジムニーシエラ (JB43) [3型] [4型] [5型] [6型] [7型] [8型] [9型]

型 1,298cc
サイクル直列4気筒
」の名前が登場。
ルも追加

G13B型 1,298cc
水冷4サイクル直列4気筒
サスペンションがコイルスプリング化し、エンジンは16バルブ化

G13B型 1,298cc
水冷4サイクル直列4気筒(JB33)
「ジムニーワイド」登場。
ロックアップ機構付ATを搭載

M13A型 1,328cc
水冷4サイクル直列4気筒(JB43)
「ジムニーワイド」にDOHC16バルブVVTエンジンを搭載。
のちに、「ジムニーシエラ」の名前が復活

1,500cc

JB74

新型ジムニーシエラ誕生
(JB74) 2018.7~
新開発の1,500ccエンジンを搭載し、よりパワフルに進化。オフローダーとしてのポテンシャルをさらに研ぎ澄ましています。

660cc

JA12/JA22 | JB23

ジムニー(JA12)
ジムニー(JA22)
1995.11~
[1型] [2型]

ジムニー(JB23)
1998.10~
[1型] [2型] [3型] [4型] [5型] [6型] [7型] [8型] [9型] [10型]

F6A型 657cc
水冷4サイクル直列3気筒
インタークーラーターボ(JA12)
サスペンションがコイルスプリング化
K6A型 658cc
水冷4サイクル直列3気筒
インタークーラーターボ(JA22)
軽乗用仕様(JA22)を新しく設定。
DOHC12バルブエンジン搭載

K6A型 658cc
水冷4サイクル直列3気筒
インタークーラーターボ
オフロード性能だけでなく、オンロード性能や安全性能も進化した3代目「ジムニー」登場

JB64

新型ジムニー誕生
(JB64) 2018.7~
ラダーフレームをはじめとしたジムニーの伝統をしっかりと受け継ぎながら、最新のデザインと技術ですべてを磨き上げました。

ムニーの警察車両と消防車両(1970年代)

オーストラリアにて(1970年代)

も存在したトラック仕様(1980年代)

欧州仕様車(2000年代)

海外ロケでのひとコマ(1980年代)

オーストラリアにて(1970年代)

ジムニー8輸出仕様車(1970年代)

疾走するジムニー(1970年代)

2018年7月に発売された4代目ジムニー/ジムニーシエラのカタログに載った「世界を踏破してきたジムニーの歴史」。初代ジムニーの警察車両と消防車両も確認できる。

元　祖

● ホープスター ON型 ●

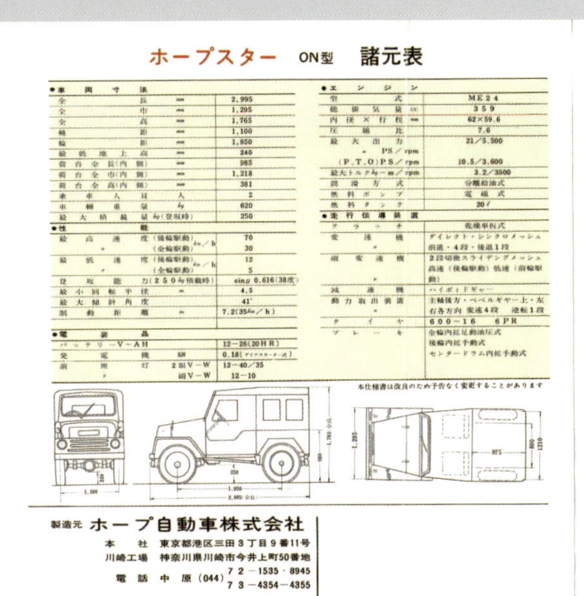

ホープスター　ON型　諸元表

●車両寸法		
全長	mm	2,995
全巾	mm	1,295
全高	mm	1,765
軸距	mm	1,100
輪距	mm	1,950
最低地上高	mm	240
荷台全長(内側)	mm	985
荷台全巾(内側)	mm	1,218
荷台全高(内側)	mm	381
乗車人員	人	2
車輌重量	kg	620
最大積載量	kg(登坂時)	250
●性能		
最高速度(後輪駆動)	km/h	70
〃(全輪駆動)	km/h	30
最低速度(後輪駆動)	km/h	12
〃(全輪駆動)	km/h	5
登坂能力(250kg積載時)		sinθ 0.616(38度)
最小回転半径	m	4.5
最大傾斜角度		41°
制動距離	m	7.2(35km/h)
●電装品		
バッテリーV－AH		12－26(20HR)
発電機	KW	0.18(ダイナスターター式)
前照灯	2眼V－W	12－40/35
〃	細V－W	12－10

●エンジン	
型式	ME24
総排気量 cc	359
内径×行程 mm	62×59.6
圧縮比	7.6
最大出力 〃 PS/rpm	21/5.500
(P.T.O)PS/rpm	10.5/3.600
最大トルクkg－m/rpm	3.2/3500
潤滑方式	分離給油式
燃料ポンプ	電磁式
燃料タンク	20ℓ
●走行伝導装置	
クラッチ	乾燥単板式
変速機 〃	ダイレクト・シンクロメッシュ 前進・4段・後退1段
副変速機 〃	2段切換スライディングメッシュ 高速(後輪駆動) 低速(前輪駆動)
減速機	ハイポイドギャー
動力取出装置 〃	主軸後方・ベベルギヤー上・左右各方向 変速4段 逆転1段
タイヤ	600－16 6PR
ブレーキ	全輪内拡足動油圧式 後輪内拡手動式 センタードラム内拡手動式

本仕様書は改良のため予告なく変更することがあります

製造元　ホープ自動車株式会社
本　社　東京都港区三田3丁目9番11号
川崎工場　神奈川県川崎市今井上町50番地
電話　中原(044) 72－1535・8945
73－4354－4355

軽免許で乗れる

不整地用万能車
ホープスター　ON型

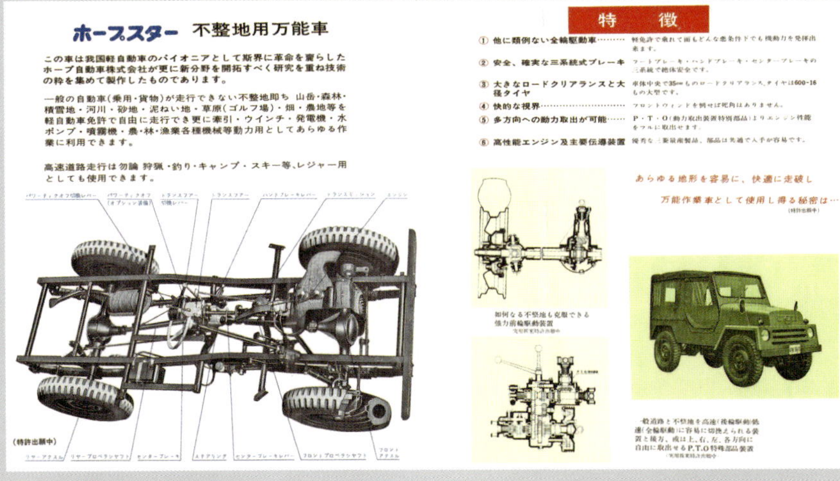

ホープスター　不整地用万能車

この車は我国軽自動車のパイオニアとして斯界に革命を齎らしたホープ自動車株式会社が更に新分野を開拓すべく研究を重ね技術の粋を集めて製作したものであります。

一般の自動車(乗用・貨物)が走行できない不整地即ち 山岳・森林・積雪地・河川・砂地・泥ねい地・草原(ゴルフ場)・畑・農地等を軽自動車免許で自由に走行でき更に牽引・ウインチ・発電機・水ポンプ・噴霧機・農・林・漁業各種機械等動力用としてあらゆる作業に利用できます。

高速道路走行は勿論 狩猟・釣り・キャンプ・スキー等、レジャー用としても使用できます。

(特許出願中)

特　徴

① 他に類例ない全輪駆動車………　軽免許で乗れて而もどんな悪条件下でも機動力を発揮出来ます。

② 安全、確実な三系統式ブレーキ　フートブレーキ・ハンドブレーキ・センターブレーキの三系統で絶体安全です。

③ 大きなロードクリアランスと大径タイヤ　車体中央で35cmものロードクリアランス、タイヤは600-16もの大型です。

④ 快的な視界……………………　フロントウィンドを倒せば死角はありません。

⑤ 多方向への動力取出が可能……　P・T・O(動力取出装置特別部品)よりエンジン性能をフルに取出せます。

⑥ 高性能エンジン及主要伝導装置　優秀な三菱量産製品、部品は共通で入手が容易です。

あらゆる地形を容易に、快適に走破し
万能作業車として使用し得る秘密は…
(特許出願中)

如何なる不整地も克服できる

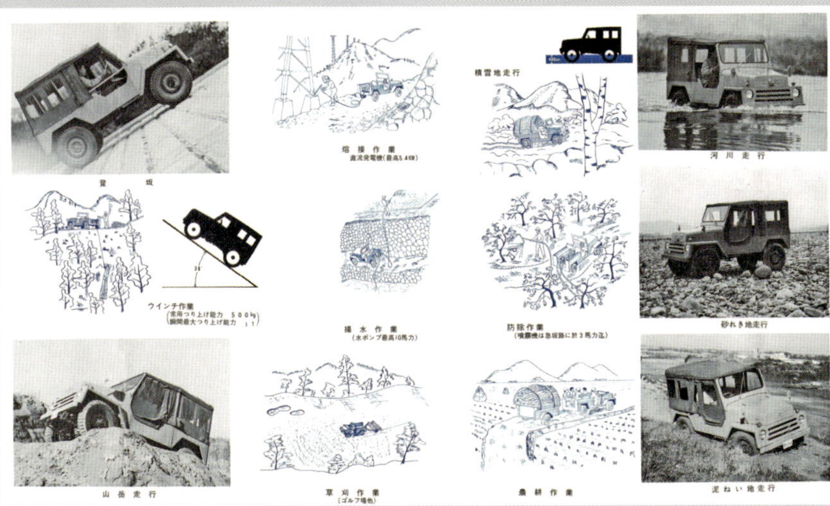

1967年12月に発表され、翌年3月に発売された「ホープスターON」のカタログ。エンジンとトランスミッションは三菱ミニカのME24型359cc 2サイクル空冷2気筒21ps/5500rpm、3.2kg-m/3500rpm+4速MTと、副変速機は自社開発の2速(高速は後輪駆動、低速は四輪駆動)を積んでいた。サイズはホイールベース1950mm、全長2995mm、全幅1295mm、トレッド(前後とも)1100mm、最低地上高240mm。サスペンションは前後ともリーフスプリング+リジッドアクスル、タイヤは6.00-16-6PRを履く。価格は58万円ほどで、生産台数は諸説あるが100台ほど造られ、一部は輸出されたと言われる。しかし、発売した1968年の8月には生産を終了して、製造権を鈴木自動車工業(現スズキ)に譲渡してしまった。譲渡後に契約に従って、設計図に加えてスズキ製エンジン、トランスミッション、デフなどを装着したON型5台がホープ自動車から鈴木自動車工業に引き渡されている。

第1世代

●LJ10型（1970年4月～1972年4月）●

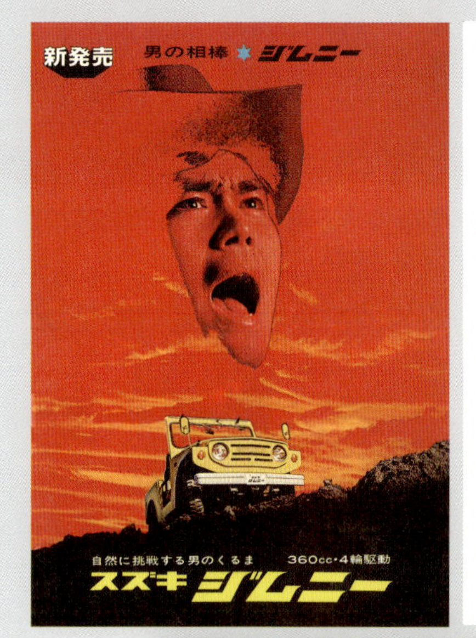

1970年4月に新発売された「スズキジムニーLJ10-1型」最初のカタログ。この頃、モータリゼーションも進展して、自動車の多様化が求められるようになり、軽自動車の新しい可能性の一つとして、廉価で手軽に使える軽四輪駆動車として登場したのが「ジムニー」であった。四輪駆動車の主な用途であった産業用だけでなく、山岳、積雪地帯の商店、製造業、狩猟、つりなどのレジャーカーとしての個人需要をターゲットとして発売された。サイズはホイールベース1930mm、全長2995mm、全幅1295mm、トレッド（前／後）1090/1100mm、最低地上高235mm。乗車定員は3名で、スペアタイヤは軽自動車の全長制限3m以下をキープするため助手席の後ろに装着されていた。価格は工場渡し47.8万円、東京・大阪店頭渡し48.2万円であった。

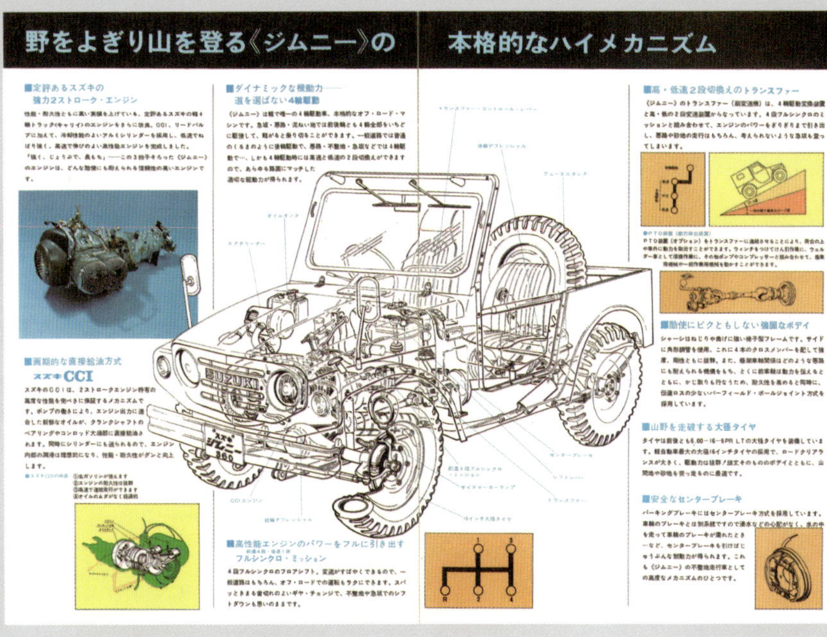

野をよぎり山を登る《ジムニー》の
本格的なハイメカニズム
定評あるスズキの強力2ストローク・エンジン
ダイナミックな機動力 道を選ばない4輪駆動
高・低速2段切換えのトランスファー
画期的な直接給油方式 スズキCCI
動揺にビクともしない強固なボディ
山野を走破する大径タイヤ
高性能エンジンのパワーをフルに引き出す フルシンクロ・ミッション
安全なセンターブレーキ
SUZUKI

ジムニーLJ10-1型のエンジンは1969年に発売された4代目キャリイL40型と同じFB型359cc2サイクル空冷2気筒25ps/6000rpm、3.4kg-m/5000rpm。これにフルシンクロの4速MTとトランスファー（副変速機）が付く。PTO（Power take-off：動力取り出し装置）はオプションであった。最高速度75km/h、登坂能力27.5°。サスペンションは前後ともリーフスプリング+リジッドアクスル、タイヤは6.00-16-6PRを履く。

機能に徹した精悍なダッシュボード 快適な居住性
そして ハードライディングの豪快なフィーリング
SAFETY FIRST

スパルタンな運転席。ドライバーシートには一体型ヘッドレストとシートベルトが標準装備されている。後部のウインカーランプとブレーキランプを分離して後続車からの視認性を向上している。フロントウインドシールドは取りはずし、前倒し可能。幌は脱着可能で、ドア部の幌は巻き上げ式であり開閉はファスナーで行わねばならなかった。

[最前線志願]

SUZUKI NEW Jimny

1971年1月にマイナーチェンジされた「LJ10-2型」のカタログ。「最前線志願」のキャッチコピーが登場。ジムニーのアイコンとなるボンネットサイドの放熱用ルーバーが追加された。価格は工場渡し47.8万円は変わらないが、東京・大阪店頭渡しは2000円アップの48.4万円となった。

ファイティング・マシンに徹する――
その信念があらゆる装飾をはぎとりました。

運転者視野内の防眩処理の実施をはじめ、ウィンドウォッシャー、発炎筒、ヘッドレスト、シートベルトなどを常装備。〈ニュージムニー〉は保安基準を完全実施しています。しかもCO排出を少なくするアイドル・リミッターも新装備して、公害対策にも積極的です。

LJ10-2型では、使い勝手の悪かったドア部の幌は、前ヒンジのパイプ枠キャンバス張りのドアに改良された。駐車中の盗難防止のためパーキングブレーキロックとキー付きグローブボックス内にボンネットロックコントロールが新設された。

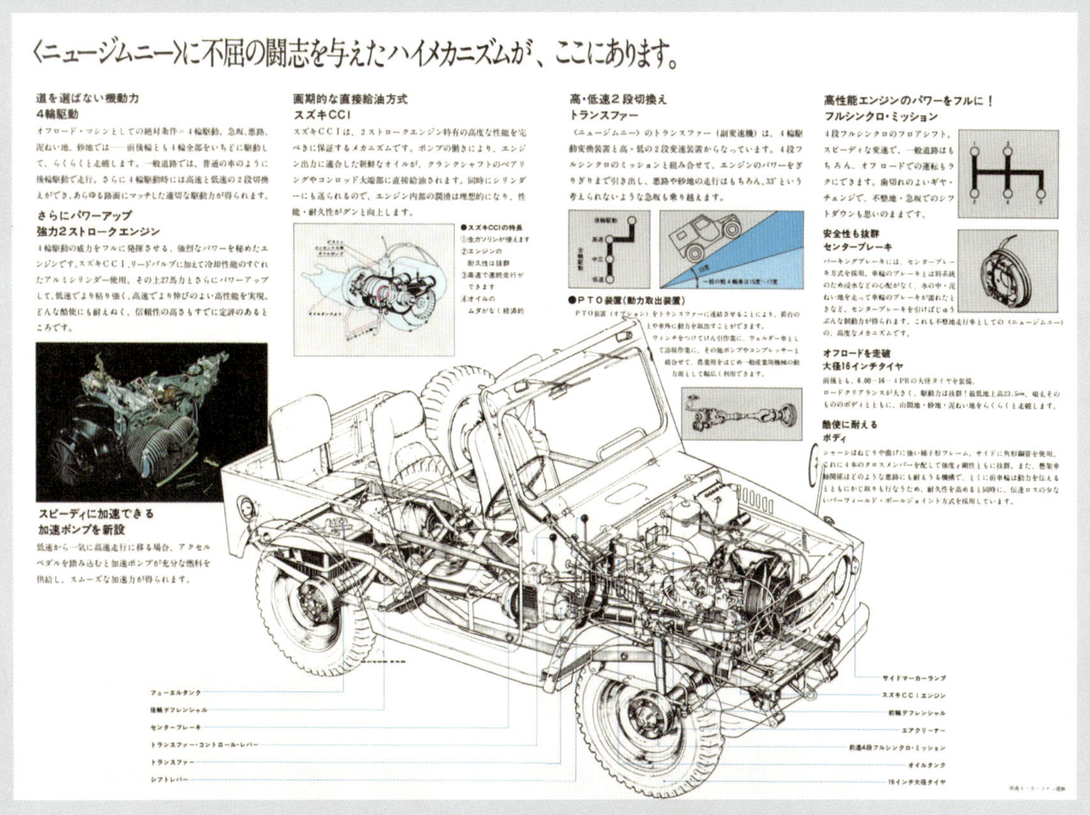

〈ニュージムニー〉に不屈の闘志を与えたハイメカニズムが、ここにあります。
道を選ばない機動力
4輪駆動
オフロード・マシンとしての絶対条件＝4輪駆動。急坂、悪路、泥ねい地、砂地では――前後輪とも4輪全部をいちどに駆動して、らくらくと走破します。一般道路では、普通の車のように後輪駆動で走行。さらに4輪駆動時には高速と低速の2段切換えができ、あらゆる路面にマッチした適切な駆動力が得られます。
さらにパワーアップ
強力2ストロークエンジン
4輪駆動の威力をフルに発揮させる、強烈なパワーを秘めたエンジンです。スズキCCI、リードバルブに加えて冷却性能のすぐれたアルミシリンダー使用。その上27馬力とさらにパワーアップして、低速でより粘り強く、高速でより伸びのよい高性能を実現。どんな酷使にも耐えぬく、信頼性の高さもすでに定評のあるところです。
画期的な直接給油方式
スズキCCI
スズキCCIは、2ストロークエンジン特有の高度な性能を完ぺきに保証するメカニズムです。ポンプの働きにより、エンジン出力に適合した新鮮なオイルが、クランクシャフトのベアリングやコンロッド大端部に直接給油されます。同時にシリンダーにも送られるので、エンジン内部の潤滑は理想的になり、性能・耐久性がグンと向上します。
●スズキCCIの特長
①生ガソリンが使えます
②エンジンの耐久性は抜群
③高速で連続走行ができます
④オイルのムダがなく経済的
高・低速2段切換え
トランスファー
〈ニュージムニー〉のトランスファー（副変速機）は、4輪駆動変換装置と高・低の2段変速装置からなっています。4段フルシンクロのミッションと組み合せて、エンジンのパワーをぎりぎりまで引き出し、悪路や砂地の走行はもちろん、33°という考えられないような急坂も乗り越えます。
●PTO装置（動力取出装置）
PTO装置（オプション）をトランスファーに連結させることにより、荷台の上や車外に動力を取出すことができます。
ウィンチをつけてけん引作業に、ウェルダー車として溶接作業に、その他ポンプやコンプレッサーと組合せて、農業用をはじめ一般産業用機械の動力源として幅広く利用できます。
高性能エンジンのパワーをフルに！
フルシンクロ・ミッション
4段フルシンクロのフロアシフト。スピーディな変速で、一般道路はもちろん、オフロードでの運転もラクにできます。歯切れのよいギヤ・チェンジで、不整地・急坂でのシフトダウンも思いのままです。
安全性も抜群
センターブレーキ
パーキングブレーキには、センターブレーキ方式を採用。車輪のブレーキとは別系統のため浸水などの心配がなく、水の中・泥ねい地を走って車輪のブレーキが濡れたときなど、センターブレーキを引けばじゅうぶんな制動力が得られます。これも不整地走行車としての〈ニュージムニー〉の、高度なメカニズムです。
オフロードを走破
大径16インチタイヤ
前後とも、6.00−16−4PRの大径タイヤを装備。
ロードクリアランスが大きく、駆動力は抜群！最低地上高23.5㎝、頑丈そのもののボディとともに、山間地・砂地・泥ねい地をらくらくと走破します。
酷使に耐える
ボディ
シャーシはねじりや曲げに強い梯子形フレーム。サイドに角形鋼管を使用。これに4本のクロスメンバーを配して強度・剛性ともに抜群。また、懸架車軸関係はどのような悪路にも耐えうる機構で、とくに前車輪は動力を伝えるとともにかじ取りも行なうため、耐久性を高めると同時に、伝達ロスの少ないバーフィールド・ボールジョイント方式を採用しています。
スピーディに加速できる
加速ポンプを新設
低速から一気に高速走行に移る場合、アクセルペダルを踏み込むと加速ポンプが充分な燃料を供給し、スムーズな加速力が得られます。
フューエルタンク
後輪デフレンシャル
センターブレーキ
トランスファー・コントロール・レバー
トランスファー
シフトレバー
サイドマーカーランプ
スズキCCIエンジン
前輪デフレンシャル
エアクリーナー
前進4段フルシンクロ・ミッション
オイルタンク
16インチ大径タイヤ

LJ10-2型のエンジンは25ps/3.4kg-m⇒27ps/3.7kg-mに強化され、最高速度80km/h、登坂能力33°となった。MTのシフトパターンが変更された（リバースを2速の左側⇒4速の右側に移動）。タイヤは6プライから4プライの6.00-16-4PRに換装され、乗り心地の改善が図られた。

● LJ20型（1972年5月〜1976年4月）●

1972年5月、エンジンを空冷から水冷に変更した「ジムニーLJ20-1型」のカタログ。フロントグリルのデザインが変更され、クローズドボディーの「スズキジムニーバン（LJ20V型）」が追加設定された。東京・大阪店頭渡し価格はLJ20が48.9万円、LJ20Vは55.4万円。

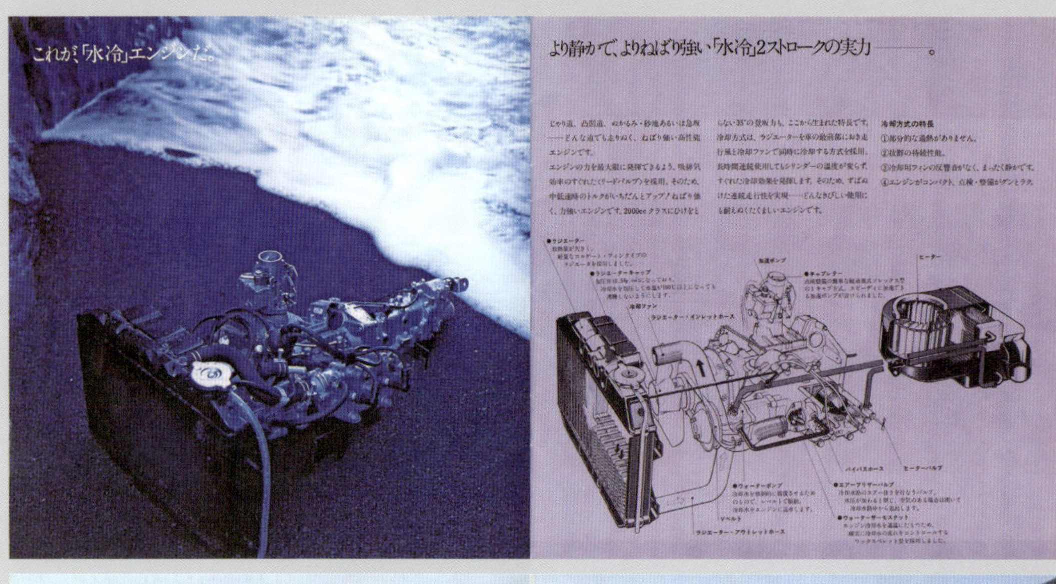

新開発のL50型359cc2サイクル水冷2気筒28ps/5500rpm、3.8kg-m/5000rpmエンジンと冷却システム。オフロード車として大切な中低速での出力特性を改善しており、その結果登坂能力は35°に向上した。水冷化により強力な温水式ヒーターを採用した。

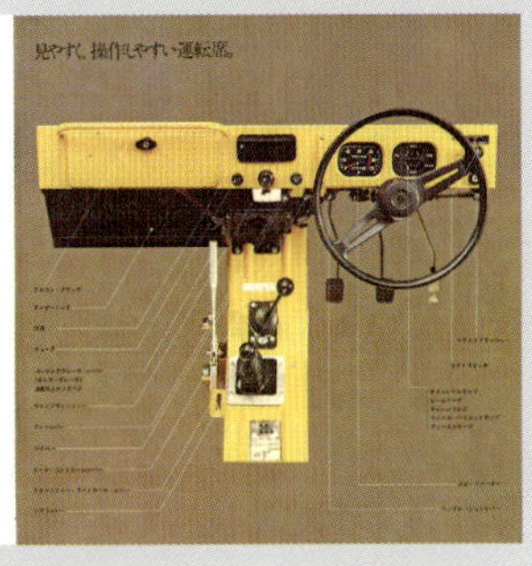

LJ20型の運転席。冷却系の水冷化、吸排気系、エンジンマウンティング方式の改良により、振動・騒音が軽減され、フロントシートの形状・材質を変更して乗り心地の向上が図られた。メーターユニットに水温計が追加された。PTO（Power take-off：動力取り出し装置）はオプションであった。

ジムニーの活躍場所は広範囲にわたり、土木建設をはじめとする産業界のあらゆる部門はもちろん、そのユニークなスタイルと性能が若者層からも強い支持を受け、産業界からレジャーまで多用途車として幅広く活躍していることを訴求している。

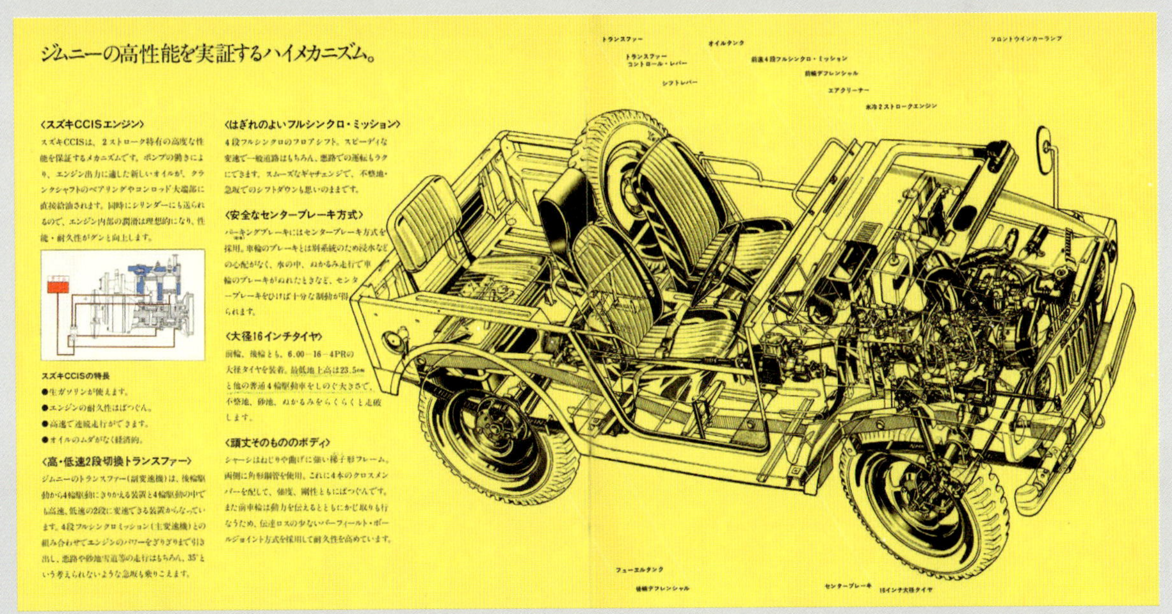

LJ20型の透視図。左上には2サイクルエンジンの信頼性を上げる技術として、潤滑油をガソリンに混ぜるのではなく、クランクシャフトベアリング、コンロッド大端部、シリンダーに直接給油する分離潤滑技術CCIS（Cylinder Crankshaft Injection System）が紹介されている。

「取りつけ、取りはずしがかんたんになった幌。」が紹介されている。幌の骨組みの変更により、一人で取り付けて約15分、取り外しは約10分で可能となった。

「ジムニーバン」新発売！
こころよい乗り心地とすぐれた輸送力を発揮します。

乗用車ムードあふれるジムニーバンです。4輪駆動などジムニーのすばらしい機構をそのまま受けつぎました。しかも、完全パネル式ですから、悪路走行時でも強風や砂ボコリなどをふせぎ、荷くずれの心配もなく、積荷を安全に、清潔に運びます。また、バックドアは大きく横にひらく一枚とびらで荷物の出し入れや後部席の乗り降りにとても便利です。寒い時は温水式カーヒーターが力を発揮、寒さ知らずにすごせます。
その上、5.60－15－4PRの普通セダンタイプのタイヤのため、乗用車のようなこころよい乗り心地です。

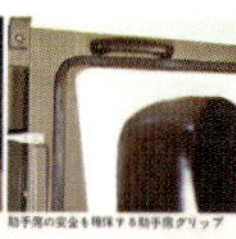

ジムニー初となるクローズドボディーの「ジムニーバン（LJ20V型）」が追加設定された。LJ20V型には15インチタイヤ（5.60-15-4PR）が標準装備され、16インチタイヤ（6.00-16-4PR）も選択可能であった。

水冷式エンジン搭載のLJ20型発売の前年、1971年11月初め、メキシコのカリフォルニア半島で実施された地獄の耐久レース、第5回「メキシカン1000」に参戦。高低差2000m、昼と夜の温度差が30℃におよぶという1331kmのコースを34時間で完走し、ずば抜けた耐久性を実証した。このときの参加車両は乗用車、商用車、バギーなど267台。78台がリタイアしている。

情報化時代を先取りする—「動くビデオ」—
ビデオジムニー

まったく新しい情報メディアの誕生
ビデオジムニー
SUZUKI

ビデオジムニーの特長

その鋭い目「動くテレビ」が 新しいコミュニケーションの場をつくります。

いつでもどこでも、ビデオの放映ができます。カラーテレビの受信も可能。

ビデオジムニーの行くところ、どんな山間僻地でも、ビデオカセットプログラムの放映ができます。もちろん、トリニトロンカラーテレビを通じて、鮮明なカラー画像を楽しむこともできます。また、TVアンテナを取り付ければ、テレビ放送の受信もできます。

どんな悪路も走り抜く〈軽〉唯一の4輪駆動、登坂力35°の実力発揮

スズキジムニーは、オフロードを征服する〈軽〉唯一の4輪駆動車。後輪だけでなく前輪にも動力を伝え、ぬかるみ、凸凹道、砂地などあらゆる悪路もグイグイ走り抜きます。また、人が手をつかわなければ登れないような急坂でも、ゆうゆう走りきる実力の持主。さらに、大径16インチタイヤ、頑丈そのもののボディをもち、待ちうける厳しい走行条件を克服し、与えられた使命を十分に果たすタフな車です。

ビデオカメラで"ナマの情報"を収録

エレクトロニクスの粋…ビデオカメラを搭載すれば、最前線のナマの情報をそのままビデオカセットに収録できます。このナマ情報のカンヅメが真の情報伝達の大きな威力となります。

●操作はすべて運転席からコントロール

運転席に座ったまま、各種操作がコントロールできるようになっています。女性ドライバーでも簡単に操作できる手軽さです。

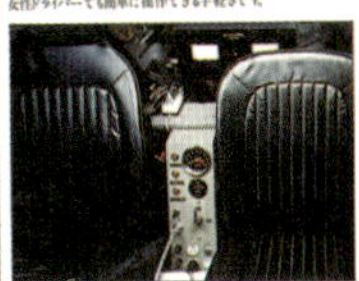

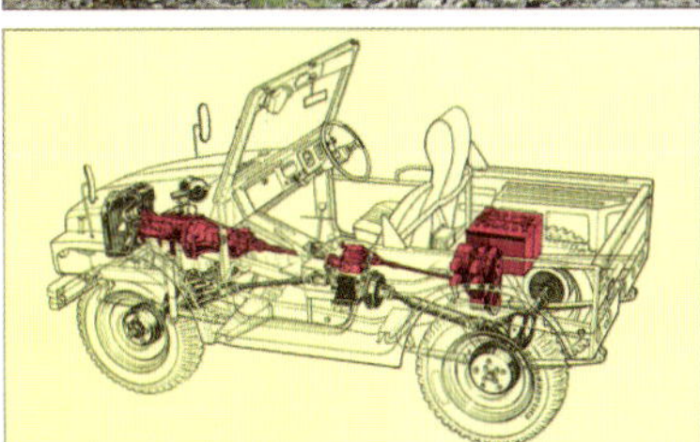

電力源は自らつくりだす ビデオジムニーを可能にしたPTO装置

パワー・テイク・オフ＝動力取出装置は、ジムニーのトランスファー（副変速機）からエンジン動力を荷台の上や車外に取り出す装置です。この装置に発電器をプラスしたものがビデオジムニーの心臓部。このため、電源のないどんなところででも、ビデオジムニーの能力をフルに発揮できるわけです。もちろん、ガソリンがあるかぎり、発電が続けられます。

また、商用電源（AC・100V）でビデオを稼動させることもできます。商用電源と車載電源は自動切換方式。わずらわしい操作はいりません。

その他の補助装備

●25mの電源コード　●テレビ移動用ケーブル

〈オプション〉

●ビデオ撮影用補助スポットライト
●トランペットスピーカー

1972年7月、スズキとソニーの共同開発によって発売された「ビデオジムニー」のカタログ。カタログには「スズキとソニーとの共同開発によって、軽自動車とエレクトロニクスがドッキング。スズキジムニーに、新しい情報伝達手段として脚光を浴びているビデオカセットを乗せ、この成功によって、必要な情報を速く正確にどんなところへでも提供することができるようになりました。」とある。LJ20型/LJ20V型をベースにソニー製ビデオレコーダーとカラーテレビセットなどを積み、PTO（動力取り出し装置）から1kW-24Vのオルタネーターを駆動し、DC-ACインバーターを介して100V 300Wの交流電源を確保。他に24V 100Aのバッテリー2個を積んでいた。価格はLJ20型が155万円、LJ20V型は158万円であった。ただし、市場のニーズには合わなかったようだ。高価であったし、当時のビデオ機器、撮影機材などは大型で重く、スタッフは2（3）名しか乗れず、取材に行くには少し小さ過ぎたのではないだろうか。

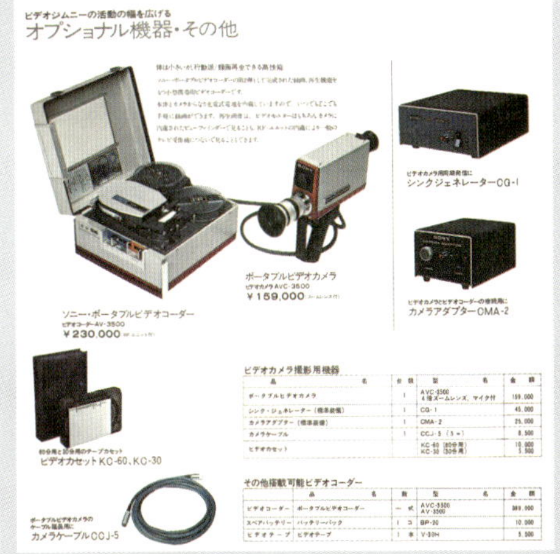

ビデオジムニーの活動の幅を広げる
オプショナル機器・その他
シンクジェネレーターCG-1
ポータブルビデオカメラ
¥159,000
ソニー・ポータブルビデオコーダー
¥230,000
カメラアダプターCMA-2
ビデオカセットKC-60、KC-30
カメラケーブルCCJ-5

標準装備されたソニー製ビデオカセット・レコーダー（35.8万円）、18インチのトリニトロンカラーテレビ（12.9万円）とオプション機材。まだ高価であった。

1973年11月、新保安基準に対応するためマイナーチェンジを受けたLJ20-2型。主な変更点は、フロントの方向指示灯と車幅灯を分離、ブレーキマスターシリンダーをタンデム型に変更、助手席シートをドライバーシートと同じヘッドレスト一体型に変更し、シートベルトが装着された。

あらゆる悪条件を征服する
〈軽〉唯一の4輪駆動と、驚異の登坂力34.7°

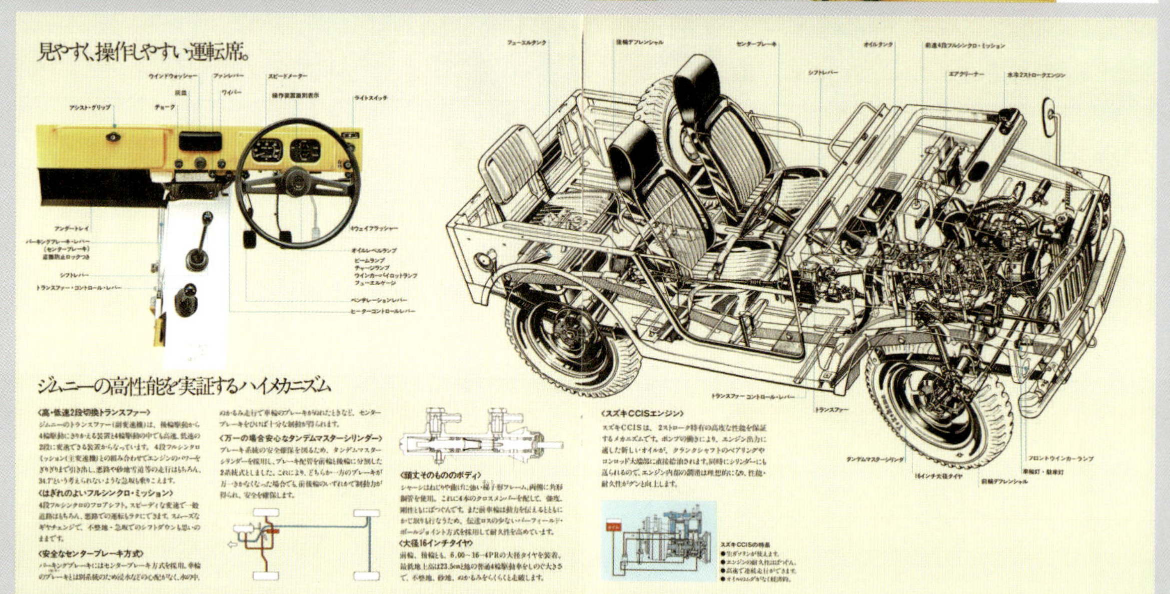

1975年2月、LJ20-2型に幌型4人乗りモデルLJ20F型が追加設定された。LJ20型の幌の高さを150mm高くして後部に横向き対面シートを装備したモデル。価格は東京店頭渡し61万円。1975年1月から軽自動車のナンバープレートが大型化され、黄色地に黒字となった。1975年12月、50年排出ガス規制をクリアするため、エンジンにERV (Exhaust Rotary Valve) 機構を採用したLJ20-3型となった。最高出力は28ps⇒26psに落ちている。

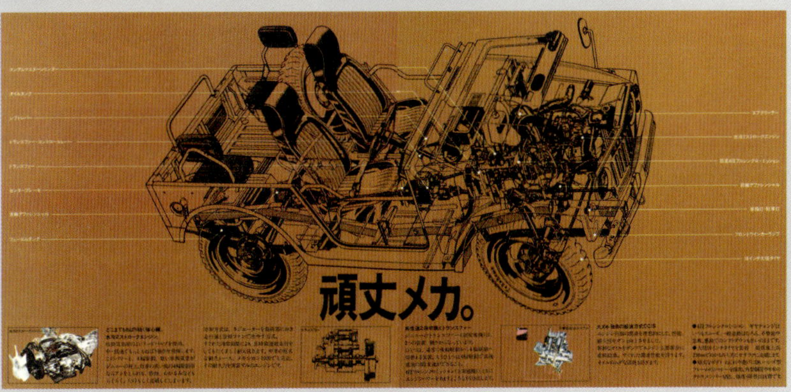

SUZUKI LJ20 GOES WHERE ROADS DON'T!
WORLDWIDE USERS PRAISE LJ20'S ADAPTABILITY!

「スズキLJ20は道なき道を行く！世界中のユーザーがLJ20型の適応性を高く評価しています！」と訴求する「SUZUKI LJ20」の英文カタログ。海外では軽の制限が無いのでLJ20型はスペアタイヤを背中に背負い、全長は3195mmとなっている。乗車定員2名で、左ハンドル車のドライバーシートにはヘッドレストが付いていない。

● LJ50型（1974年～）●

A HIGHLY EFFICIENT DESIGN WITH CAREFUL ATTENTION TO THE MINUTEST DETAILS

TRANSFER (AUXILIARY TRANSMISSION) WITH HIGH-LOW SELECTOR
The transfer comprises a system to select rear-wheel-drive or four-wheel-drive and a system to select high speed or low speed with four-wheel-drive. In combination with the 4-speed fully synchronized transmission (main transmission) it is capable of making use of the power of the engine to its maximum, to enable driving up grades of 36 degrees as well as on bad roads.

LARGE DIAMETER 16 INCH TIRES
Both front and rear wheels are equipped with large diameter tires of 6.00-16-4PR which are as large as the ones for large four-wheel-drive vehicles. Consequently, the ground clearance is 240 mm (9.4 in). It is high enough to drive through rough and muddy roads.

BODY IS AS RIGID AS POSSIBLE
The chassis adopted is a box frame which is strong against torsion and bend. Square steel pipes are used on both sides. As it is combined with four cross members the strength and rigidity of the frame are superior. Because front wheels are used for both driving and steering, a ball joint system is adopted, providing a higher degree of durability.

SAFE CENTER BRAKE
Center brake system is adopted for the parking brake. Because it is independent of the wheel brakes, there is no fear about entry of water. Even if wheel brakes become wet when driving through water or a muddy road, sufficient braking effect can be obtained if the center brake is actuated.

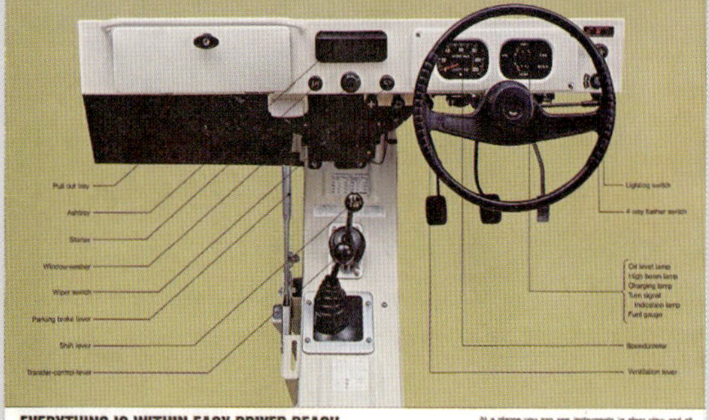

EVERYTHING IS WITHIN EASY DRIVER REACH

At a glance you can see instruments in clear view and all controls are efficiently located in easy reach.
The driver is surrounded in cockpit convenience. He has complete command of the LJ50.

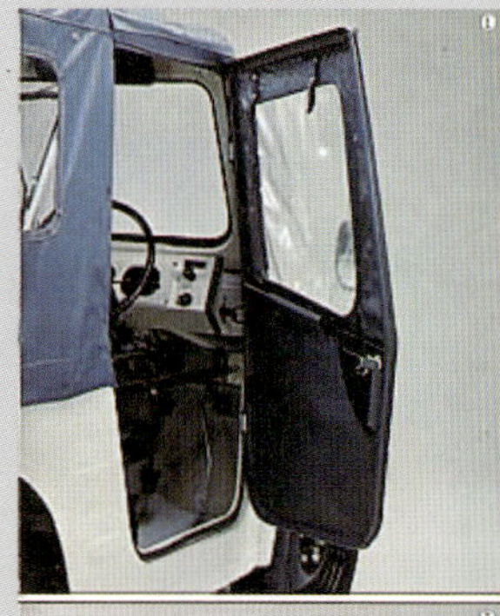

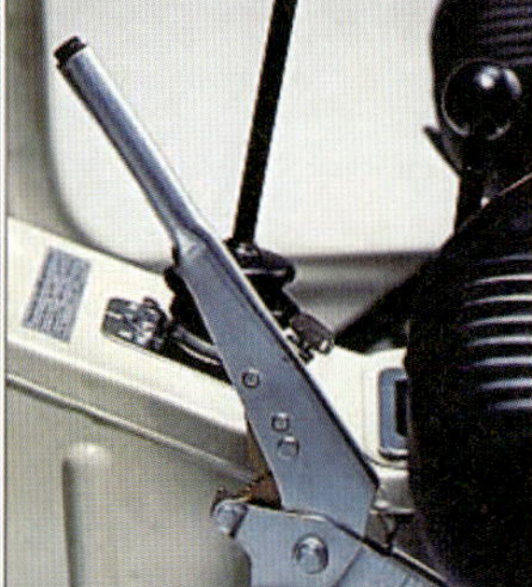

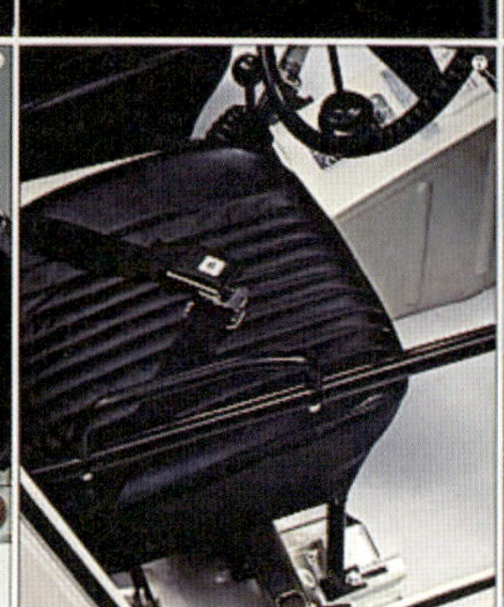

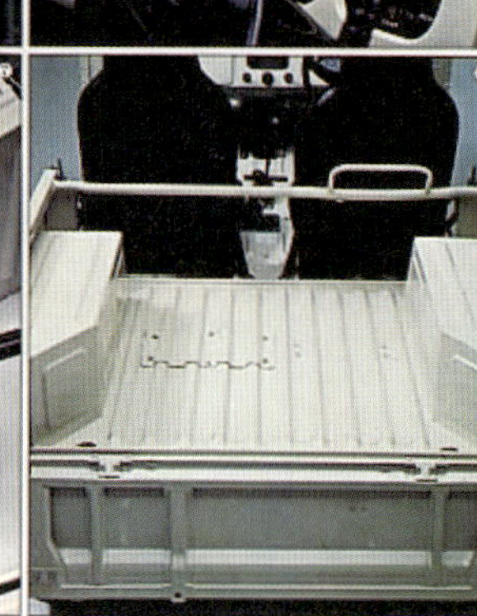

SUZUKI ATTENTION TO DETAILS PAYS OFF BIG!

Design refinements are many. You'll find no unessential extravagance in the LJ50. Everything—from the tiniest bolt to the comfortable high-backed seats—is there for a purpose. Extra attention to small details and maintaining quality makes this four-wheel-drive vehicle very special.

1 Easy access canvas hood
2 Lockable parking brake
3 Bonnet lock release button hidden in the lockable glove compartment
4 Window washer
5 Comfortable high-backed seats & safety seat belts
6 Spare tire and towing bar
7 Protector bar
8 Wide cargo space

1974年に輸出専用モデルとして登場した「SUZUKI LJ50」の英文カタログ（ジムニーの名前は付かない）。LJ10型、LJ20型は輸出され好評ではあったが、海外のユーザーにとってはエンジンが非力であった。そこで、359cc2サイクル2気筒に1気筒追加したLJ50型539cc2サイクル水冷3気筒33HP/5500rpm、5.8kg-m/3500rpmエンジンを搭載したのが、このモデルである。この戦略が功を奏し、1974年度には初めて海外販売が国内販売台数を上回り、1万2600台の内6900台（54.8%）が海外で販売されている。モデルバリエーションは幌型（LJ50型）とバン（LJ50V型）の2車種があり、さらにロングホイールベース（2200mm）のピックアップ（LJ51型）も設定されていた。

● SJ10型（1976年5月〜1981年4月）●

1976年5月に発売された「ジムニー55（SJ10-1型）」のカタログ。1976年1月から軽自動車規格が、排気量360cc⇒550cc、全長3.0m⇒3.2m、全幅1.3m⇒1.4mに改定されたのに対応したモデル。まだボディー本体は新規格に対応しておらず、サイズはホイールベース1930mm、全長3170mm、全幅1295mm。

エンジンは1974年に輸出専用モデルとしてすでに発売していたLJ50型に搭載済みの、LJ50型539cc2サイクル水冷3気筒に排気対策を加えた26ps/4500rpm、5.3kg-m/3000rpm。登坂能力は39.7°にアップした。

安全対策としてフロントバンパーの強化、バンにもリアバンパーが追加され、スペアタイヤが後部に外付けとなった。モデルバリエーションは幌型（SJ10F型）と、バンには幌型と同じ16インチラグタイヤ（6.00-16-4PR）を履くSJ10VM型と15インチリブタイヤ（5.60-15-4PR）を履くSJ10V型が設定されていた。

1977年6月に発売された、ボディーを新軽規格に対応した「Newジムニー55（SJ10-2型）」のカタログ。前/後輪のトレッドを100mm拡大し、フロント1190mm、リア1200mmとなった。ボンネット、リアフェンダー、フロントパネルのデザインが変更され、ボンネット前面にエンジン冷却性能を向上させるためのエア吸入口が設けられた。燃料タンクは26ℓ⇒40ℓに拡大された。サイズはホイールベース1930mm、全長3170mm、全幅1395mm、全高1845mm（幌型SJ10F）、1685mm（16インチタイヤ付きバンSJ10VM型）、1650mm（15インチタイヤ付きバンSJ10V型）。東京店頭渡し価格はSJ10F型が74.8万円、SJ10VM型は79.7万円、SJ10V型は78.7万円であった。

1978年10月、マイナーチェンジと同時にメタルドアタイプ（SJ10FM型）（黄色のクルマ）を追加設定して発売された「ジムニー55（SJ10-3型）」のカタログ。フロントグリルの形状変更とヘッドランプ位置を下げて、いわゆる「たれ目」となった。その他の改良点は、居住性・安全性の向上を主としたもので、ヒーター放熱量アップ、フロントシート改良、バンタイプ車のリアサイドウインドー開閉可能化、ラジオをインストゥルメントパネルに組み込み可能化、アウトサイドミラー形状変更など多岐にわたっている。オイルタンク容量が3.4ℓ⇒4.5ℓに拡大されている。メタルドアタイプの価格は76.8万円で、ほかのモデルの価格は据え置かれた。

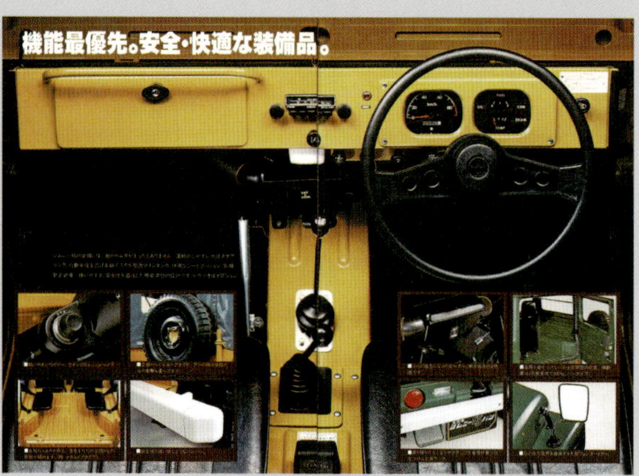

1979年11月、マイナーチェンジされ発売された「ジムニー55（SJ10-4型）」のカタログ。54年騒音規制をクリアするため、マフラー構造を変更して静粛性を向上。幌の側面と後部の窓を大型化して視界を向上。電動式ウインドーウォッシャーを採用し、洗浄液タンク容量を2.2ℓに拡大。全モデルに新車体色を採用、メーターナセル、グローブボックスリッド、バンパーは黒色となった。価格は幌タイプ76.8万円、メタルドアタイプ78.8万円、バンタイプ（リブタイヤ）80.7万円、バンタイプ（ラグタイヤ）81.7万円。

● SJ20型（1977年10月～1982年7月）●

1977年10月、スズキ初の4サイクルエンジンを積んで発売された小型車「ジムニー8（エイト）（SJ20-1型）」のカタログ。新開発のF8A型797cc 4サイクル水冷4気筒SOHC 41ps/5500rpm、6.1kg-m/3500rpmを積む。サイズは「ジムニー55」と同じで、ホイールベース1930mm、全長3170mm、全幅1395mm。設定車種は16インチラグタイヤを履く幌型（SJ20F型）とバン（SJ20VM型）の2モデルのみであった。価格は幌型85.9万円、バン90.8万円。

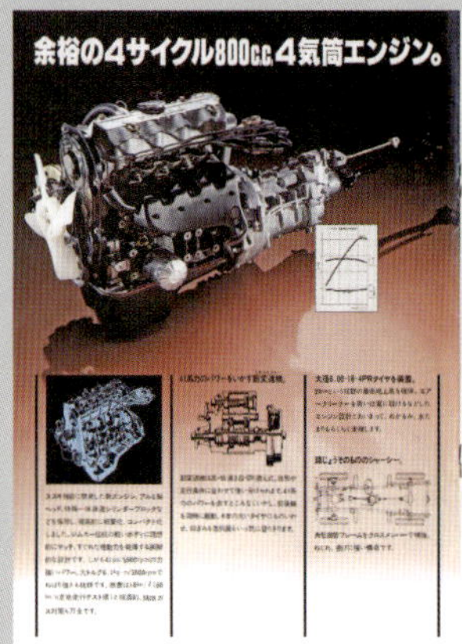

1978年11月にはSJ10-3型に準じたマイナーチェンジが実施され、「たれ目」顔となった「ジムニー8（エイト）（SJ20-2型）」のカタログ。ジムニー8にもメタルドアタイプ（SJ20FM型）が追加設定されている。1979年11月にはSJ10-4型に準じてマイナーチェンジされSJ20-3型となっている。

●LJ80型（1977年6月～）●

1977年6月、輸出モデルLJ50型の車体にF8A型797ccエンジンを積んで登場した「SUZUKI LJ80」。このカタログは1979年7月に日本で印刷されたカナダ市場用英文カタログ。モデルバリエーションは幌型（LJ80型）、メタルドア付き幌型（LJ80Q型）、バン（LJ80V型）、ピックアップ（LJ81K型）の4種。サイズはホイールベース1930（LJ81K型は2200）mm、全長3195（LJ81K型は3620）mm、全幅1415mm。車両重量は770kg（LJ80型）、790kg（LJ80Q型）、820kg（LJ80V型）、860kg（LJ81K型）。乗車定員は全車2名。最大積載量250kg（LJ80V型は200kg）。タイヤは全車165 SR15ラジアルが標準設定されていた。

The Suzuki LJ Series of Four-Wheel Drive Vehicles— Four Models Offering the Advantages of Light Weight and Compact Design

LJ80 LJ80Q

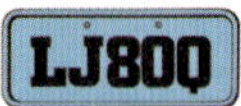

LJ81

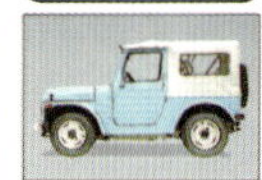

The difference? Its light weight of only 770kg (LJ80) means superior performance and economy. Let the competition match that if they can! For power, a compact designed, four-stroke, OHC, water-cooled, four-cylinder engine. Its 797cm³'s pump out an unusually powerful 30.6kW (41 hp) with a torque of 59.8 Nm (6.1 kg-m) and that translates to power when you need it along with superior maneuverability to match the total concept of being unique.

Performance and economy are yours for the asking in all types of driving conditions, be it off-road in summer, plowing through snow drifts in winter, or just plain city driving. It's our pleasure to offer, it's your pleasure to drive.

Low fuel consumption with price to match, compact design and pacesetting performance — it's in a class by itself when it comes to performance. And that covers all four models: the LJ80, the basic model with a top ; the LJ80Q with metal doors ; the LJ80V with closed body compartment.

And the fourth model is the LJ81, an all-purpose vehicle with metal top cabin and rear cargo space — it's excellent for doing whatever you heretofore thought out-of-the-question.

Great transportation with outstanding running performance on rough terrain— a perfect combination.

Trail-busting just for the fun of it in the wilds of outdoors, a short trip to the supermarket, a Sunday afternoon jaunt in winter or summer or business use, it's the LJ series vehicles that offer pure enjoyment and outstanding performance.

Off-Road Driving
with the LJ 80
Means Total Enjoyment

The LJ80, the basic model of the series, offers strong suspension system and the braking and steering system to match. Coupled with a transmission built to take the strain of off-road driving, this model is an example of well-coordinated engineering and design features resulting in outstanding performance.

The power comes from a 41hp engine of 797 cm³ with superior torque to do the job. A light curb weight of only 770kg, big 15 in. tires and 195mm of ground clearance lets you go almost anywhere. Driveability and handling are superb and are the dream of those other four-wheel drive vehicles, boasting a turning radius of only 4.9m. The cargo space still allows you to haul an additional 250kg of gear. The strong top is a nice addition for everyone including the rear seat passengers, especially when the weather is not so nice.

The LJ80 model has the most sporty characteristics as well as widest range of applications.

The LJ 80V—
A Combination of
Trail-Busting Performance
and Comfortable Functionality

The LJ80V is a van type vehicle that has the dual ability to appeal to those persons needing closed body construction comfort yet sturdy and powerful performance of 4-wheel drive functionality. The light curb weight of 820kg in combination with the powerful engine assures top-notch running performance.

The interior is spacious and functional, larger than you might think possible when first noting the outside dimensions. Versatile equipment with excellent operability and functionality is provided. Moving cargo?

The large rear door makes it easy. No need to twist and turn while carrying items. Just open the large rear door, and luggage goes in with room to spare. All-round performance in a stylish, compact package. That's the LJ80V. Make your choice in a vehicle based on real performance and economy and you're sure to choose the LJ80V.

The LJ 81— A Four-Wheel Drive Vehicle with Outstanding Features and Large Cargo Space

Regardless of terrain or weather conditions, the LJ81 keeps on moving with superior traction due to the large size tires. And it's done in comfort too, thanks to the sturdy metal top for the driver and passenger in the front seat. The cargo space with dimensions of 1400x1315mm allows a maximum load capacity of 250kg and that is truly outstanding.

Maneuverability is great with an overall length of 3620mm and width of 1415mm, this vehicle is a real treat for anyone to operate. An optimum wheelbase of 2200mm, combines with a curb weight of 860kg to offer go-anywhere performance. The light weight and compact design make your business driving more efficient, thanks to the excellent maneuverability resulting from a multitude of design features. Use this model on rough terrain or in bad weather—it can take it.

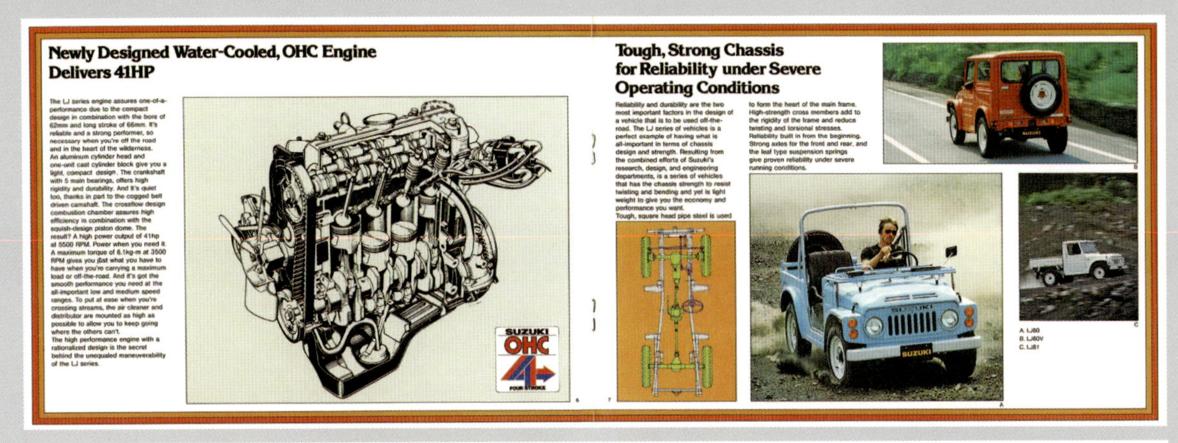

Newly Designed Water-Cooled, OHC Engine Delivers 41HP
SUZUKI OHC
FOUR STROKE
Tough, Strong Chassis for Reliability under Severe Operating Conditions
SUZUKI
A. LJ80
B. LJ80V
C. LJ81

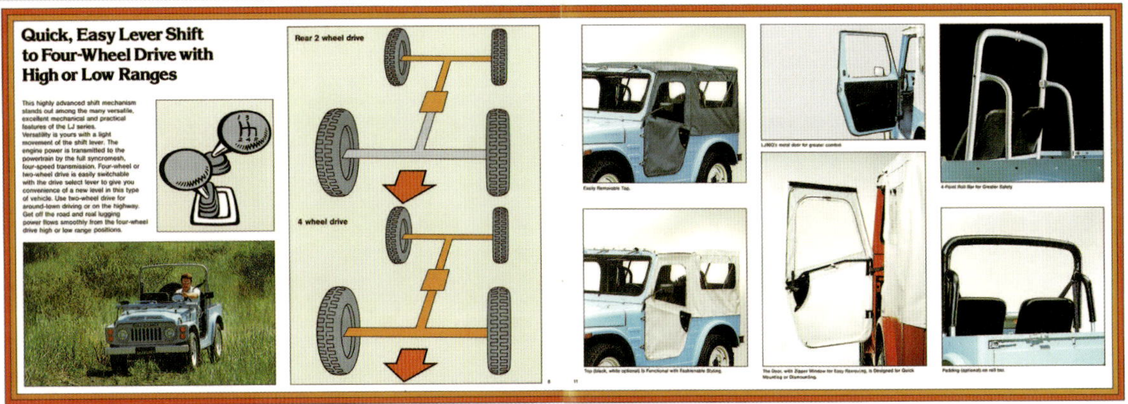

Quick, Easy Lever Shift to Four-Wheel Drive with High or Low Ranges
Rear 2 wheel drive
4 wheel drive

F8A型797cc 4サイクル水冷4気筒SOHC 41hp/5500rpm、6.1kg-m/3500rpmエンジン+フルシンクロの4速MT+2速トランスファーによって4輪駆動と後2輪駆動が選択できる。標準装備のロールバーにはオプションでパッドの装着が可能であった。白色の幌はオプション。

各モデルの4面図とボディーカラーは5色が設定されていた。

1981年にカナダのSUZUKI CANADA INC.で発行された「SUZUKI LJ80 SERIES」のカタログ。ボディーカラーやホイールが1979年版と異なる。

四轮传动汽车铃木牌 LJ80 系列
SUZUKI
SUZUKI OHC 4

1980年4月、日本で印刷された「LJ80系列」の中国語版カタログ。モデルバリエーションはカナダ向けと同じ。サイズは全幅がカナダ向けより狭く、国内のジムニー8（SJ20型）と同じ1395mm。タイヤは全車6.00-16-4PRを履く。

铃木牌四轮传动汽车——
兼具轻量省油和
精巧结实设计优点的四车型
SUZUKI
驾LJ80作穿山越岭的越野驾驶
其味无穷

LJ80V型——
兼备奔驰原野的性能
及舒适无比的功能

LJ81型汽车——
具有卓越性能的四轮传动汽车
LJ80Q型汽车——
LJ81P——

具备高度耐久性及
强劲力量的水冷式41马力
OHC发动机

在严格的生产条件下，
制造出安全可靠的坚牢底架

舒适而实用的
车内设计是"总效用"

为保证安全可靠行驶的标准及特备装置

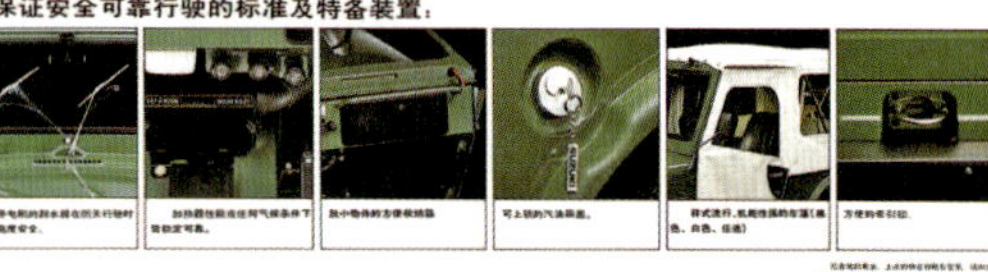

1980年にSUZUKI Deutschlandが発行した「SUZUKI eljot（エルジョット、LJ）（LJ80型）」のドイツ語版カタログ。メタルドア付き幌型のみで、右側のクルマにはオプションのハードトップが装着されている。フロントガードはいろいろなタイプのものがオプション設定されていた。マンガには、左側に「彼はそれ（ジムニー）を持っていなかった……」、右側には「彼はそれ（ジムニー）を持っている！」とあり、セダンで出かけたハンターはイノシシに遭遇したが、銃が座席の間に挟まって取り出せない！イノシシはよだれを垂らして逆に襲い掛かろうとしている。一方、ジムニーに乗ったハンターに遭遇したヘラジカは直感的に「ああ、もうだめだ!!」。下段の2コマは、セダンのトランクには当然のことながら洗濯機は載らないが、ジムニーならピアノも積めるし、振動で泡はこぼれるがビアマグだって載せられるほど、乗り心地が良いということか？　やや誇大広告気味だが。この手のマンガが4ページにわたって載っている。

重装備した「エルジョット（LJ）」。サーフボードなどの長尺物を運ぶためのラックなどもオプション設定されていた。このラックには「ECKEL」の名前が読み取れる。筆者が1960年頃にスキーを楽しんでいたころ使っていたストックが「エッケル」製であった。F8A型797cc エンジンの最高出力は30kW/40PS（DIN）/5750rpmとある。「きっとあなたに似合うでしょう！」のコピーをつけて、船乗り、ダイバー、テニス選手、ライダー、モーターサイクリストは、自分たちのドレスを持っているので、エルジョット乗りにも軽く、風通しがよく、シックで実用的なファッションを用意したのでいかがですか？　と訴求している。

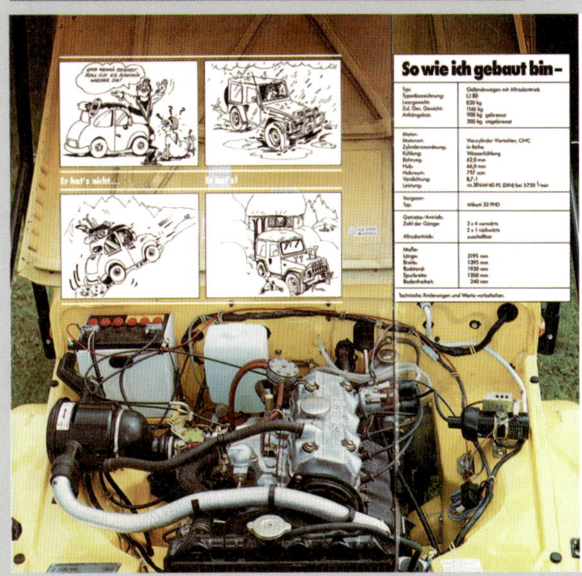

「ハードトップを備えたeljot 80は冬に最高」とうたうハードトップのカタログは、1980年11月、ドイツ・ミュンヘンのSUZUKI Motor Handels GmbH/OFF-ROAD DIV.で発行されたもの。価格は1958〜3184.22ドイツマルクの4グレードが設定されていた。1981年の為替レートを1ドイツマルク100円とすると、約20〜32万円であった。

1981年6月、SUZUKI Deutschlandから発行された特別仕様車「夢のELJOTS」のカタログ。「内側と外側：eljotによる夢」の中身は、外観では豪華な光沢のあるメタリックシルバー、または、専用のスポーティーなメタリックブルーのボディーカラー。白いフロントガード、白い幌、白いグリル、そしてハイライトとして、白い幅広のホイール。そして室内には黒いカーペット。そして「すぐに試乗してください。なぜなら、これらのeljotsを夢見る人はたくさんいますが、夢のeljotsはほんのわずかです。」とある。LJ80型の登場により、海外での人気は一層高まり、1980年度には総販売台数5万2500台の内、じつに3万8500台（73.3%）が海外で販売されている。

第2世代

● SJ30型（1981年5月～1987年10月）●

1981年5月に発売された2代目「NEWジムニー（SJ30-1型）」のカタログ。2代目は経済性、小回りのきく機動力をさらに磨き上げるとともに、外観の一新、居住性の向上、装備品、安全対策の充実などを施したもので、より個性的に、多彩に楽しく使えるオールラウンドカーとなった。エンジンは初代SJ10型と同じLJ50型539cc水冷2サイクル直列3気筒だが出力は26ps/5.3kg-m⇒28ps/5.4kg-mに強化されている。サイズはホイールベース2030mm、全長3195mm、全幅1395mm、最低地上高240mm。メタルドアモデルには車体と一体のロールバーが装着された。金髪の女性が繰るSJ30型が砂漠を疾走するシーンは、テレビコマーシャルにも採用されて女性ファン獲得に貢献したと言われる。モデルバリエーションと価格は、キャンバスドア（F）77万円、ハーフメタルドア（FK）78万円、フルメタルドア（FM）82万円、バン（VA）85.8万円、バン（VC）89.8万円。

SJ30型の透視図。スピードメーターのフルスケールは110km/h⇒90km/hに変更された。ハーフメタルドア（FM）とバン（VC）にはリクライニングシート、バン（VC）のシートにはファブリック表皮と分離式ヘッドレストが採用されている。

1983年7月、マイナーチェンジを受け「ジムニー550」と呼ばれたSJ30-2型のカタログ。フルトランジスタ点火方式を採用、前輪フリーホイールハブ標準装備、前輪ディスクブレーキ採用（FKとVAを除く）、サイドデフロスター全車装備、シート形状変更、ドアミラー採用などの改良が実施された。

SJ30-2型のモデルバリエーションと価格は、ハーフメタルドア（FK）79.5万円、フルメタルドア（JM）85万円、バン（VA）87.3万円、バン（JC）92.8万円。キャンバスドアモデルはこの時点でカタログから落とされた。

大地の誘いを受けて立つ。自然に遠慮はいらないはずだ。
4WD
5.4kg-m
28ps
37.9
4.9m

1984年7月、「ジムニー550」は2度目のマイナーチェンジを受けSJ30-3型となった。主な変更点はインストゥルメントパネルデザイン変更と助手席用アシスタントグリップの復活、バン（JC、VA）に熱線入りバックウインドーガラス採用、振動の低減（ボディーとフレーム間にマウンティングゴム追加）、ステアリングロック追加、オートフリーホイールハブ（オプション）追加など。モデルバリエーションと価格は、ハーフメタルドア（FK）80.3万円、フルメタルドア（JM）85.8万円、バン（VA）89万円、バン（JC）94.5万円。

1985年10月に発行された「ジムニー550（SJ30-3型）」のカタログ。1986年1月にマイナーチェンジされてSJ30-4型となるが、その直前に発行されたSJ30-3型のカタログ。

● SJ30型／JA71型（1986年1月～1990年2月）●

1985年10月に開催された第26回東京モーターショーに登場したショーモデル3台。いずれもやがて市販化されている。ロングホイールベースでフルメタルドアの「ジムニーEXP」。「ジムニー・パノラミックルーフ・ワゴン」および「ジムニー550EPIターボ」。

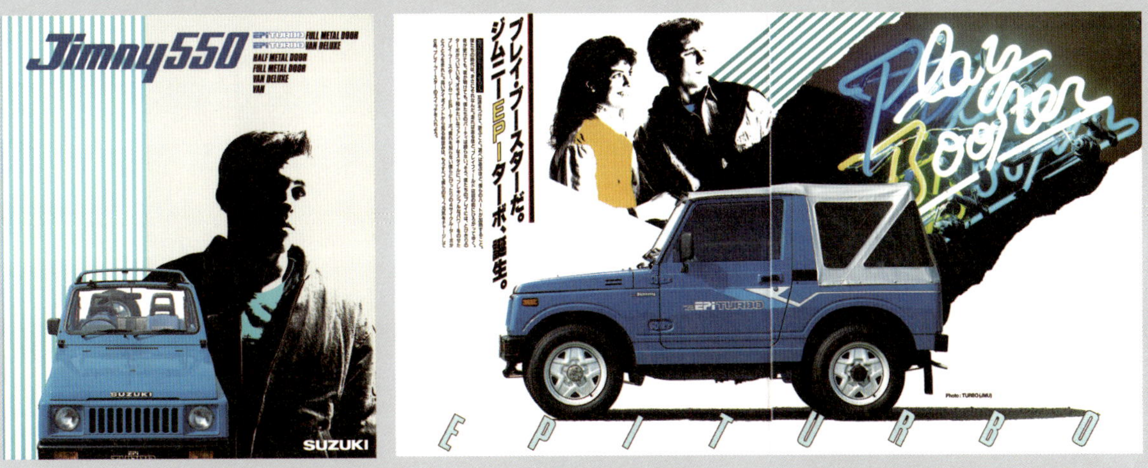

1986年1月、ジムニー550シリーズに追加設定された「ジムニー550EPIターボ（JA71-1型）」。SJ30型は4型となった。ターボ・フルメタルドアにはシルバーデラックス幌とスモークドウインドーが、ターボ車にはハロゲンヘッドランプが採用された。

550ターボは前頁のフルメタルドア（JMU）と後姿のバン・デラックス（JCU）の2モデルのみで、2サイクルNAのSJ30-4型も併売されていた。シルバーのクルマはバン・デラックス（JC）。

JA71型のエンジンはジムニー550シリーズ初の4サイクルを採用。EPI（Electronic Petrol Injection：電子制御燃料噴射）ターボを装着したF5A型543cc水冷4サイクル直列3気筒SOHC EPIターボ42ps/6000rpm、5.9kg-m/4000rpm+5速MTを積む。この時点でELR（Emergency Locking Retractor：非常時固定及び巻き取り式）シートベルトが全車標準装備された。ターボモデルにフルスケール8000rpmのタコメーターが装着された。

モデルバリエーションと価格は、ターボ・フルメタルドア（JMU）104.7万円、ターボ・バン（JCU）112.4万円。NAエンジン車（SJ30）も併売され、ハーフメタルドア（FK）81.7万円、フルメタルドア（JM）87.2万円、バン（VA）90.4万円、バン・デラックス（JC）95.9万円。

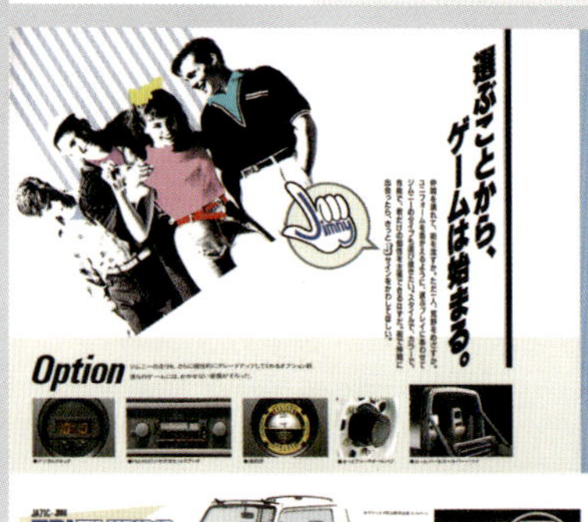

1986年10月発行のジムニー550のカタログでは、ノンターボモデルのバン（SJ30V-VA）とハーフメタルドア（SJ30-FX）が落とされていた。

●JA71型（1986年1月〜1990年2月）●

街は僕らのダンシング・フロア。
INTERCOOLER
EPI TURBO
ジムニーにEPIインタークーラーTURBO登場

1987年11月、ジムニー550シリーズに追加設定された「ジムニー550EPIインタークーラーターボ（JA71-3型）」。ターボ車に空冷式インタークーラー装着車およびハイルーフパノラマウインドー車が登場。同時にフロントグリルのデザイン変更。この時点でNAエンジン車（SJ30型）はカタログから落とされている。

EPI TURBO
大地が僕らのプレイ・ランド。
SUZUKI

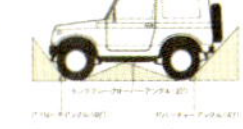

エンジンはF5A型543cc水冷4サイクル直列3気筒SOHCインタークーラーターボ52ps/5500rpm（ネット）、7.2kg-m/4000rpm。F5A型ターボは38ps/6000rpm（ネット）、5.5kg-m/4000rpmとなった。

インストゥルメントパネル、ステアリングホイールを一新するなど内外装をドレスアップしている。

モデルバリエーションと価格はEPIインタークーラーターボ車のフルメタルドア（JMU）109.4万円、バン（JCU）117.1万円、パノラミックルーフ（JYU）119.6万円、およびインタークーラー無しのEPIターボ・バン（JCZ）99.5万円。

1989年11月、ジムニー発売20周年記念特別限定車「ワイルドウインドLimited」が1000台限定発売された。ジムニー550インタークーラーターボバン（JCU）をベースに、ファンタジーブラックのシックなボディーに、ルーフキャリア、ドアミラーカバー、専用スペアタイヤハウジング、カラードバンパー、カラードホイールを装着。内装では専用トリムとシート表皮（フルファブリック）、エアコン、電子チューニング式AM/FM付きカセットステレオ、傾斜計・高度計を装備。ハード・ソフトの2段階調節が可能な可変式ショックアブソーバーを装備している。価格は126.5万円。

● SJ40型（1982年8月〜1984年10月）●

1982年8月に新発売された小型車「ジムニー1000（SJ40-1型）」のカタログ。前年の5月に発売された2代目軽規格ジムニーSJ30型をベースに1Lエンジンを搭載したモデルで、すでに海外市場ではSJ410型として好評を得ていた。国内でも多様化するユーザーの要望に応え発売された。白色8本スポークホイールと黒、白、赤、シルバーのボディー色の組み合わせでアトラクティブな演出をしている。写真はハーフメタルドア（FK）。

SJ40型はF10A型970cc水冷4サイクル直列4気筒SOHC 52ps/5000rpm、8.2kg-m/3500rpmエンジン+4速MTを積む。前軸に全浮動車軸懸架を採用し、フリーホイールハブ（オプション）装着が可能となった。ピックアップを除く全車にラジアルタイヤ（195SR15）が採用された。ホイールベースを2030mm⇒2375mmに延長した国内向け初のピックアップ（SJ40T型）がラインアップされ、サイズ（カッコ内はピックアップ）はホイールベース2030（2375）mm、全長3355（3885）mm、全幅1465（1425）mm、最低地上高220（240）mm。

モデルバリエーションと価格は、ハーフメタルドア（FK）98.5万円、フルメタルドア（FM）100.5万円、バン（VC）108.5万円、ピックアップ（FT）95万円。

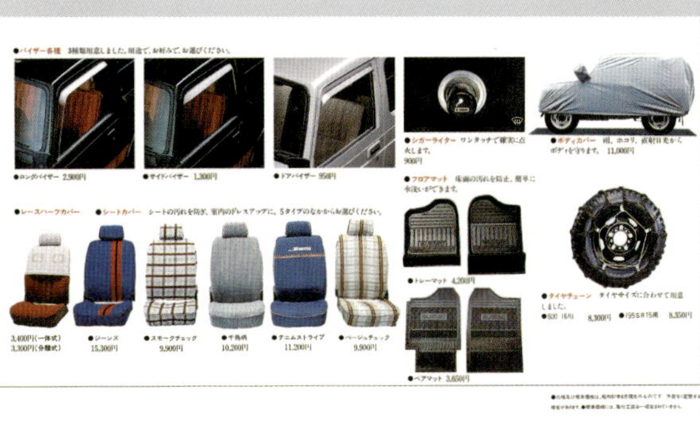

1982年8月に発行されたSJ40型用オプションパーツカタログ。ピックアップ用のオプションパーツが充実しているのが分かる。

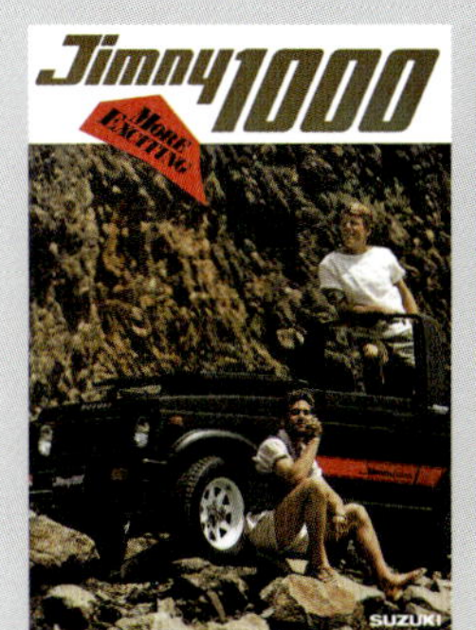

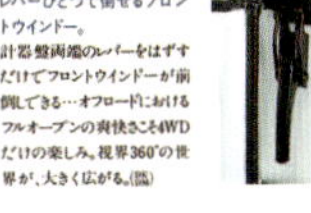

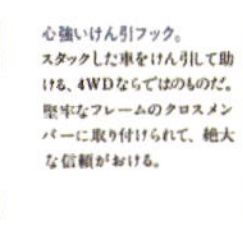

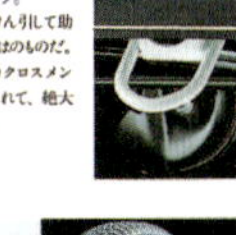

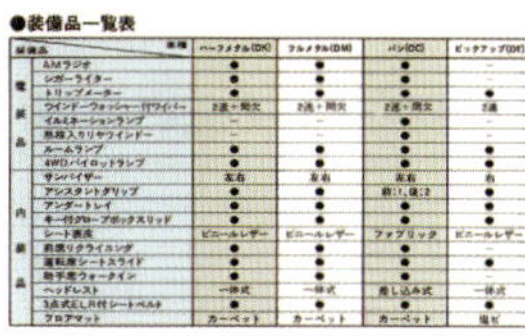

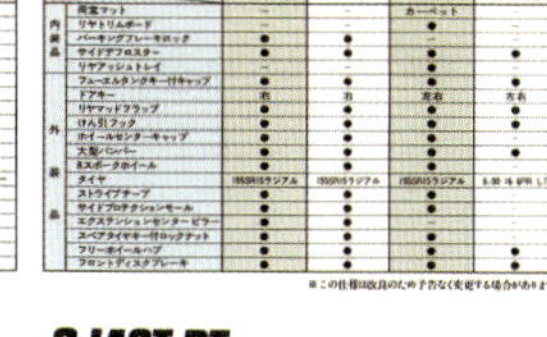

1983年7月、マイナーチェンジされ発売された「ジムニー1000（SJ40-2型）」のカタログ。主な改良点は、前輪フリーホイールハブ、前輪ディスクブレーキ、サイドデフロスターおよび4WDパイロットランプが全車種に標準装備された。フェンダーミラーをドアミラーに変更した（ただしフェンダーミラー仕様も用意されていた）。バン（DC）のフロントシートをバケットタイプとし、さらに、ピックアップ（DT）を除く全車のリアシートバックを100mm拡幅して居住性の向上がはかられている。モデルバリエーションと価格は、ハーフメタルドア（DK）101.5万円、フルメタルドア（DM）103.5万円、バン（DC）111.5万円、ピックアップ（DT）98万円。

● SJ410型（1981年4月～）/SJ413型（1984年8月～）/SAMURAI（1985年11月）●

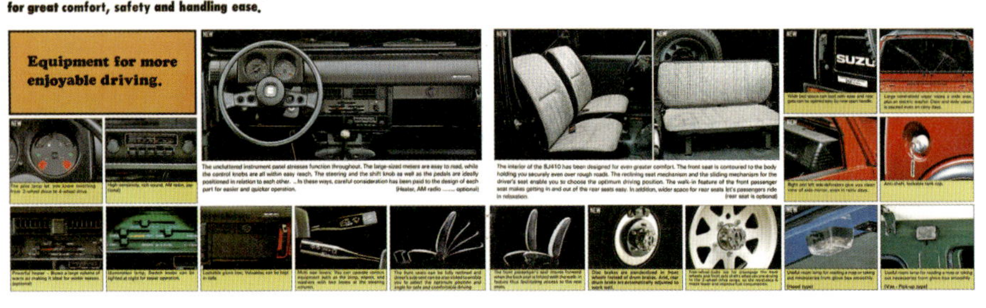

1981年4月、国内向けジムニー1000（SJ40型）より1年以上早く登場した海外市場向け1L車「SUZUKI SJ410」のカタログ。このカタログは1983年3月に発行されたもので、モデルバリエーションはSJ410型（ハーフメタルドア）、SJ410V型（バン）、SJ410Q型（フルメタルドア）、SJ410K型（トラック）の4モデルがラインアップされていた。タイヤは6.00-16-4PRが標準で、ラジアルのF78-15およびFR78-15がオプションで選択可能であった。前輪ディスクブレーキは全車標準装備。オーバーフェンダー、ヒーター、AMラジオ、8スポークホイール、リアシート（バンSJ410V型を除く）はオプションであった。サイズはホイールベース2030（トラックは2375）mm、全長3410（ラジアルタイヤ装着車は3430、トラックは3890）mm、全幅1395（ラジアルタイヤ装着車は1460）mm。

Powerful 970cc engine. Tenacious 4×4 power........
The masterpiece of Suzuki's original engineering.

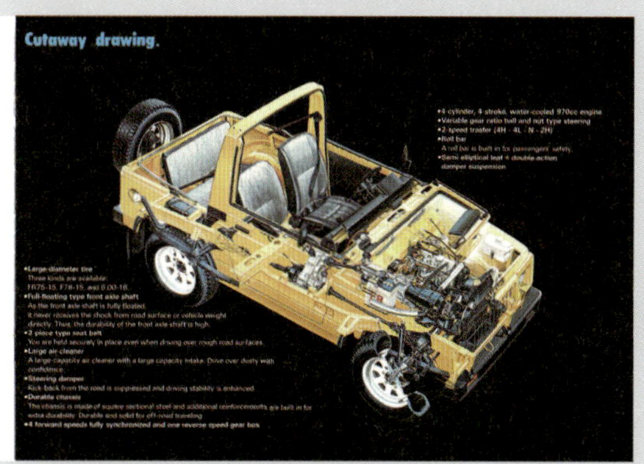

Cutaway drawing.

Optional parts to upgrade your vehicle. with your creativity.
SUZUKI
SJ413/410
The Fun-Size Performers

Suzuki. Known the world over for its high quality
and high performance.

SJ410型の透視図とエンジン。エンジンはF10A型970ccだが出力表示は33.5kW（45.0hp）/73.5N·m（7.5kg-m）（SAE NET）であり、これに4速MTを積む。オプション装着車と本社および本社工場、湖西工場、磐田工場が紹介されている。

The Fun-Size Performers That Invite You
To A Whole New World Of Driving Fun

The New Suzuki SJ413/410 Series
Meeting The Demands Of All Terrains

The New Suzuki SJ413/410 Series
Performance & Beauty For Every Kind of Scene

1984年8月、国内向けジムニー1300（JA51型）より数カ月早く登場した海外市場向け1.3L車「SUZUKI SJ413」と、既販の1.0L車「SUZUKI SJ410」の英語版カタログ。写真は左上から時計回りにSJ413型メタルトップJX、SJ410型フルメタルドアJLとSJ413型フルメタルドアJX、欧州仕様SJ413型メタルトップハイルーフJX、SJ413型フルメタルドアJX。

The Fun-Size Interior With Full-Size Comfort

SJ410型およびSJ413型の運転席と室内。タコメーターはSJ413型のJXのみに装着。ヒーター、ラジオ、シガレットライターは全車オプションであった。

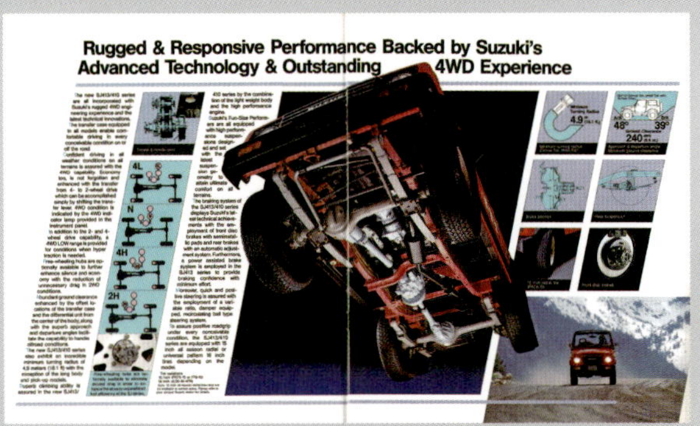

Rugged & Responsive Performance Backed by Suzuki's
Advanced Technology & Outstanding 4WD Experience

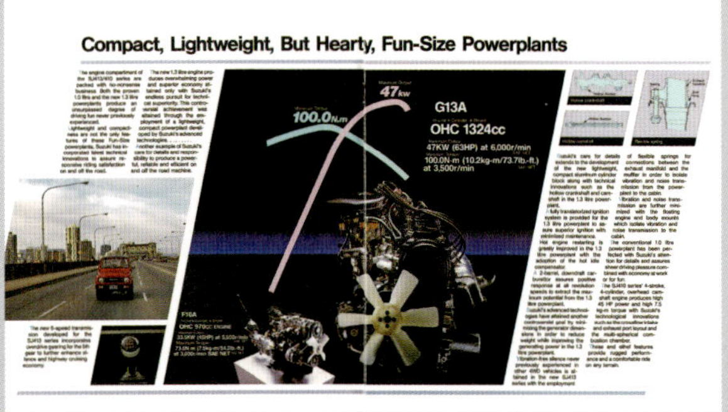

Compact, Lightweight, But Hearty, Fun-Size Powerplants
G13A
OHC 1324cc

SJ410型のF10A型エンジン+4速MTに対し、SJ413型はG13A型1324cc水冷4サイクル直列4気筒47kW（63hp）/100.0N・m（10.2kg-m）（SAE NET）+5速MTを積む。

1984年8月に発行された「SUZUKI SJ413」と「SUZUKI SJ410」の英語版カタログ。両モデルは異なる顔を持ち、最左頁の上の顔がSJ413型で下の顔がシルバーがSJ410型。モデルバリエーションは左図の上がキャンバストップでハーフメタルドアとフルメタルドアがあり、下はメタルトップ。右図左上がメタルトップハイルーフ、下がロングボディー4人乗り、右上がロングボディー6人乗り、下がピックアップで、合計7種がラインアップされ、いずれのモデルも1.0Lあるいは1.3Lエンジンが選択可能であった。ロングボディー車とピックアップのサイズはホイールベースが標準車より345mm長い2375mm、全長は580mm長い3990（ラジアルタイヤ装着車は4010、ピックアップは3890）mm、全幅1395（ラジアルタイヤ装着車は1460）mm。

オプションパーツの一部と装備一覧。ボディーカラーはSJ410型に7色、SJ413型に9色設定されていた。

รายละเอียดด้านเทคนิค ซูซูกิ SJ 413 W คาริเบียน

สัดส่วนตัวรถ (มม.)	ขนาดตัวรถทั้งหมด (ยาวxกว้างxสูง)	4010X1460X1910		2	: 1.946
	ขนาดของกระบะ (ยาวxกว้างxสูง)	1450X810X1235		3	: 1.422
	ความยาวช่วงล้อหน้า-หลัง	2375		4	: 1.000
	ความกว้างช่วงล้อหน้า	1210		5	: 0.793
	ความกว้างช่วงล้อหลัง	1220		ถอยหลัง	: 3.463
	ระยะต่ำสุดถึงพื้นราบ	225		เกียร์สโลว์หรือเกียร์ช่วย	2 ความเร็ว (2 SPEED CONSTANTMESH)
เครื่องยนต์	รุ่น	G 13 B		อัตราทดของเกียร์สูง	: 1.409
	แบบ	4 สูบ 4 จังหวะ ระบายความร้อนด้วยน้ำ		ต่ำ	: 2.268
		เพลาราวลิ้นเดี่ยวเหนือฝาสูบ (OHC)	ระบบกันกระเทือน	หน้าและหลัง	แหนบพร้อมโช้คอัพทำงาน 2 จังหวะ
	ปริมาตรกระบอกสูบ (ซีซี.)	1298	ระบบพวงมาลัย	แบบ	บอลนัต (BALL NUT)
	ความกว้างกระบอกสูบxระยะชัก (มม.)	74.0 x 75.5		รัศมีวงเลี้ยวแคบสุด	5.7 เมตร
	อัตราส่วนกำลังอัด	9.0 : 1	ระบบเบรค	หน้า	DISC (FLOATING CALIPER TYPE) POWER ASSISTED
	แรงม้าสูงสุด (แรงม้า/รอบ/นาที)	47KW (63HP) at		หลัง	DRUM (LEADING & TRAILING) POWER ASSISTED
		6000r/min SAE NET	ยาง	หน้าและหลัง	FR 78-15
	แรงบิดสูงสุด (กก.-ม./รอบ/นาที)	100.0 N-m. (10.2Kg-m, 73.7 lb-ft)	ความจุ	ถังน้ำมันเชื้อเพลิง	40 ลิตร
		at 3500r/min SAE NET		น้ำมันเครื่อง	3.5 ลิตร
ระบบขับเคลื่อน	เกียร์ธรรมดา เดินหน้า 5 จังหวะ ระบบซินโครเมซทั้งหมด	ถอยหลัง 1	ระบบไฟฟ้า	แบตเตอรี่	45 แอมป์-ช.ม.
	อัตราทดของเกียร์ 1	: 3.650		อัลเทอร์เนเตอร์	45 แอมป์

บริษัท สยามอินเตอร์เนชั่นแนลคอร์ปอเรชั่น จำกัด 5/15 ถนนพญาไท เขตพญาไท กรุงเทพฯ 10400 โทร. 245-1171 โทรสาร 246-8445

タイのディーラーで入手した「カリビアン（CARIBIAN）」の名前で販売されていたSJ413W型のタイ語版カタログ。2375mmのロングホイールベースモデルで、樹脂製の脱着可能なトップを装着している。エンジンは1298ccのG13B型を積むので、1989年以降のモデルであろう。

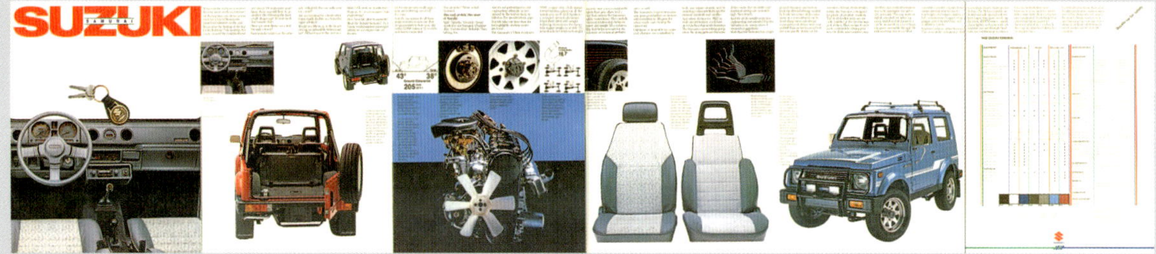

1985年11月、アメリカで発売された1986年型「SUZUKI SAMURAI」のカタログ。SAMURAIは当初アメリカ市場向けに開発されたモデルで、SJ413型をベースにトレッドを90mm拡大して前1300mm、後1310mmとして、操縦安定性の向上を図ったモデル。G13A型1324cc 64hp/10.2kg-mエンジン+5速MTを積む。1985年8月、スズキはアメリカに四輪車販売会社「スズキオブアメリカオートモティブ社（Suzuki of America Automotive Corp.）」を設立。11月から「SUZUKI SAMURAI」を発売した。

1986年型「SUZUKI SAMURAI」のアクセサリーカタログ。

1986年型「SUZUKI SAMURAI」のアクセサリーカタログ。

ロサンゼルスのフリートエアー社から発売された「サムライ」用リムーバブルハードトップ。脱着は5分以内で可能とある。ポップアップサンルーフはオプション。

Suzuki Auto GmbH Deutschlandがおそらく1984～85年に発行したSJ413型/SJ410型の独語版カタログ。SJ413型はG13A型エンジン+5速MTを、SJ410型はF10A型エンジン+4速MTを積む。

Limited Engagement. First Rate Seating.
Better hurry, to catch this special performance.
Introducing the Special Edition Samurai "S" model. Limited to just a few per dealership, this 4 X 4 is as right for a night on the town as it is for a day on the trail. Plus, a host of exclusive, individual touches make this sporty funabout as distinctive as the person who owns it.
From the inside out, its high style is instantly apparent. Step onto full front and rear carpeting and into the specially appointed interior. Settle into supportive, deluxe front bucket seats. Offer friends the Special Edition's optional split rear seats. Or fold one or both seats flat, to haul the necessities.
Take a moment to review the long list of features. Full intrumentation with tachometer and gauges. Digital clock. FM/AM stereo cassette player. Inside day/night and vanitymirrors. Intermittent wipers. And so much more.
Then buckle your seat belt, fire up the potent, overhead cam engine, check the dual sport mirrors, grab the oversize gearshift knob and get ready to enjoy the performance. A lot.
But don't expect to hide from an eager public —this Samurai's got "Special" written all over it. The Gray Metallic finish with color-matched bumpers, front grill and headlamp trim is highlighted by Special Edition striping and graphics. And the view's incomparable, thanks to a removable two-tone soft-top with smoked sunroof panels.
The "S" is sure to receive a Four-Star rating from 240 million fun-crazed Americans, so reserve your seats now. Before someone else does.
SPECIAL
S
SUZUKI
BALCONY
PRESIDENT
Special "S" model interior offers the ultimate in comfort and style.
Oversize gearshift knob.
Optional split, folding rear seats offer the maximum in space efficiency.
Chrome wheel nuts and painted whee

samurai SPECIAL EDITION
Inside and out, this Samurai is Special. Gray metallic paint, distinctive "S" Model striping, graphics, badges and black exterior sport mirrors.
SUZUKI
samurai
SPECIAL EDITION
SUZUKI
Two-tone soft top, tinted window and sunroof panels.
Color-matched grill, headlamp trim, bumpers, plus Special Edition striping and graphics.
Exclusive Special Edition spare tire cover.

1987年4月、Suzuki of America Automotive Corp.が発行した特別限定車「SUZUKI SAMURAI "S"」のカタログ。G13A型エンジン+5速MTを積み、グレイメタリック塗装と同色のバンパー、グリル、ヘッドランプトリム、スモークドウインドーとサンルーフ付きのツートントップ、専用ストライプ&グラフィックスなどを採用。ただし、折りたたみ式リアシートはオプションであった。

1988年1月、Suzuki of America Automotive Corp.が発行した「SUZUKI SAMURAI」のカタログ。G13A型エンジン+5速MTを積み、ハードトップとコンバーティブルがあり、それぞれにデラックスとスタンダードが設定されていた。写真のクルマはオプションとアクセサリーパーツでドレスアップしている。サイズはホイールベース79.9in（2029mm）、全長135in（3429mm）（ハードトップは135.4in=3439mm）、全幅60.2in（1529mm）、最低地上高8.1in（205.7mm）、トレッド前／後51.2in（1300mm）／51.6in（1311mm）。

1988年1月に発行された「SUZUKI SAMURAI」のカタログ。写真のハードトップのスタンダードグレードには折り畳み式リアシートのオプション設定は無かった。

Smart with a capital "S"

To most people, the thought of owning a new Samurai makes a lot of sense. However, if you're among those rare individuals who'd rather invest in a more conservative, more expensive, less enjoyable land yacht or a boring little econo-car with absolutely no appeal, then we probably can't do a thing for you.

But if you're the type of driver who's not quite ready to yield to the Samurai's unique temptation. Who's not quite sure that words like comfortable, stylish, practical, affordable, fun and fantastic can all be used in the same sentence when referring to something with a stick shift. Who's in need of just the slightest nudge to be launched headfirst into the 4x4 Fun Zone. Or who's just looking for a little help to convince a needy friend. Then you've come to the right place at the right time. Because if you, or your friend, are not completely sold on all the Samurai's advantages, here are all the nuts and bolts reasons you should need.

Quality Engineering

The Samurai may be relatively new to the scene, but by no means is it new to us. Fact is, Suzuki's been building 4x4's for over 17 years. In that time, we've learned a lot about making them tough, making them capable, and making them deliver more than their fair shares of durability and value.

We believe simple is better than complicated. Smart and light is better than dull and heavy. And there is no such thing as average — especially when it comes to people.

Judging by Samurai's overwhelming reception over its past three years in America, our beliefs and goals are right, on all counts. And judging by the competition, or rather the lack of it, the Samurai stands apart, and uniquely ahead.

Versatile Design

Depending on how you look at it, Samurai fits in any number of classes. Off-road 4x4. City commuter. Country hauler. Stylish statement. Family shuttle. Business runabout. Commercial workhorse. Recreational vehicle. And so on — they're all appropriate.

But the fact is, Suzuki's Samurai wasn't created to be anything other than a Samurai — and that puts it in a class all its own. It'll take on the tasks of quite a few vehicles, and shine with success. But not a single other vehicle can offer Samurai's unique combination of versatility, style, satisfaction, comfort and, of course, *fun*.

When you own a Samurai, you have what can't be bought anywhere else. At any price.

Dependable Performance

To present an honest picture of Samurai's solid reliability, we could start with high-level technical talk, cite convincing statistics on Samurai warranty service and customer satisfaction, and close by describing the Suzuki Satisfaction System, an optional extended service contract that gives you a choice of coverage plans.

But we won't. Instead of asking you to take our word for it, we invite you to ask the person that owns one. If you can find one sitting parked for long enough, the typical Samurai owner will probably love the chance to talk — especially about his or her Samurai. Then you can make up your own mind.

Incomparable Value

Take a few moments and make a mental note of all the new cars or trucks you'd consider buying that are as inexpensive as a new Samurai.

Next, think of all the new cars or trucks that offer you as much as a new Samurai regardless of price. Consider drivetrain features like an advanced-engineering all aluminum SOHC engine, 5-speed overdrive transmission, 2-speed transfer case, 2- and 4-wheel drive, power-assisted disc brakes and long-travel suspension. Check the comfortable interior appointments, like reclining front bucket seats, a sport steering wheel, intermittent wipers, and full instrumentation. Add important touches like dual outside sport mirrors, styled wheels, steel-belted radial tires, rear mud flaps, and a locking gas cap. (The list is on the facing page.) Of course, it's your choice of Hardtop or Convertible, and Deluxe or Standard trim levels.

Back to reality. Now draw the line at what you actually want to spend or the amount you you can comfortably afford. Dollar for dollar and feature for feature, the choice quickly becomes obvious.

Lucky for you.

Commercially Invaluable

Now, if you're a business minded investor just looking for the ultimate delivery truck, or fleet of trucks, or if you just want to make your pizza parlor, messenger service, florist shop, decorating service, or service station the most recognized name in town, Samurai could be the wisest, hardest working, *most rewarding* advertising dollar you can spend. You see, as a commercial vehicle, Samurai is a rolling billboard, and it can't help but be noticed. Plus it's easy to load, easy to park, and easy on gas and maintenance... not to mention payments that are easy on you. And, of course, this all makes it easy to explain to your accountant, or your business partner, or your spouse, whichever comes first.

So, rest assured that when you sign on *our* bottom line, *you'll* probably start improving your own.

Indescribable Fun

Words won't do. So you'll just have to take a test drive in a brand new 1988½ Samurai. And risk never having to spend another dull moment — behind the wheel.

FEATURES

SPECIFICATIONS

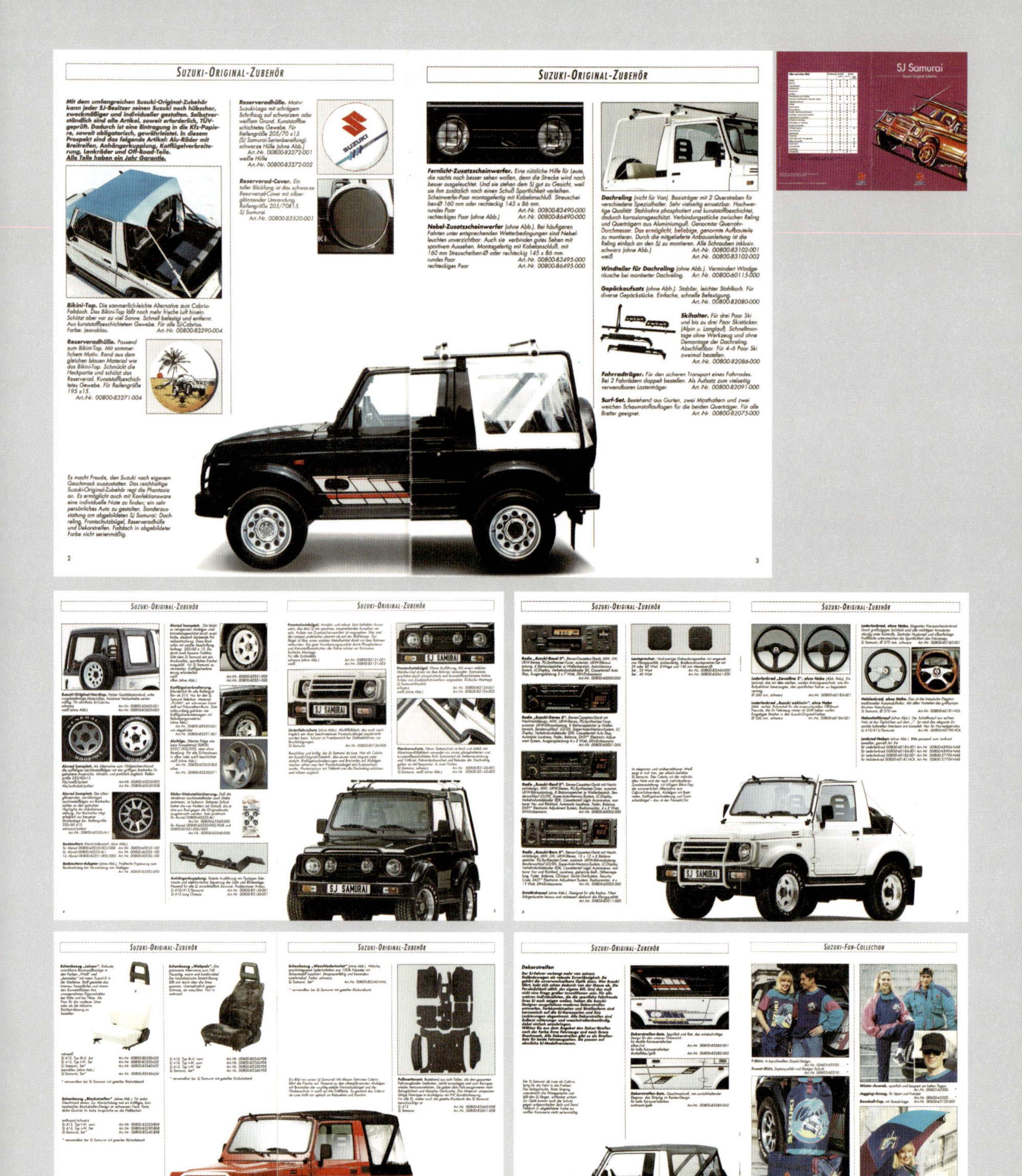

SUZUKI-ORIGINAL-ZUBEHÖR

Mit dem umfangreichen Suzuki-Original-Zubehör kann jeder SJ-Besitzer seinen Suzuki noch hübscher, zweckmäßiger und individueller gestalten. Selbstverständlich sind alle Artikel, soweit erforderlich, TÜV-geprüft. Dadurch ist eine Eintragung in die Kfz-Papiere, soweit obligatorisch, gewährleistet. In diesem Prospekt sind das folgende Artikel: Alu-Räder mit Breitreifen, Anhängerkupplung, Kotflügelverbreiterung, Lenkräder und Off-Road-Teile.
Alle Teile haben ein Jahr Garantie.

Bikini-Top. Die sommerlich-leichte Alternative zum Cabrio-Faltdach. Das Bikini-Top läßt noch mehr frische Luft hinein. Schützt aber vor zu viel Sonne. Schnell befestigt und entfernt. Aus kunststoffbeschichtetem Gewebe. Für alle SJ-Cabrios. Farbe: jeansblau. Art.-Nr. 00800-83290-004

Reserveradhülle. Passend zum Bikini-Top. Mit sommerlichem Motiv. Rand aus dem gleichen blauen Material wie das Bikini-Top. Schmückt die Heckpartie und schützt das Reserverad. Kunststoffbeschichtetes Gewebe. Für Reifengröße 195 x15.
Art.-Nr. 00800-83271-004

Reserveradhülle. Motiv: Suzuki-Logo mit schrägem Schriftzug auf schwarzem oder weißem Grund. Kunststoffbeschichtetes Gewebe. Für Reifengröße 205/70 x15 (SJ Samurai-Serienbereifung).
schwarze Hülle (ohne Abb.) Art.-Nr. 00800-83272-001
weiße Hülle Art.-Nr. 00800-83272-002

Reserverad-Cover. Ein toller Blickfang ist das schwarze Reserverad-Cover mit silberglänzender Umrandung. Reifengröße 205/70R15. SJ Samurai
Art.-Nr. 00800-83520-001

Es macht Freude, den Suzuki nach eigenem Geschmack auszustatten. Das reichhaltige Suzuki-Original-Zubehör regt die Phantasie an. Es ermöglicht auch mit Konfektionsware eine individuelle Note zu finden; ein sehr persönliches Auto zu gestalten. Sonderausstattung am abgebildeten SJ Samurai: Dachreling, Frontschutzbügel, Reserveradhülle und Dekorstreifen. Faltdach in abgebildeter Farbe nicht serienmäßig.

2

SUZUKI-ORIGINAL-ZUBEHÖR

Fernlicht-Zusatzscheinwerfer. Eine nützliche Hilfe für Leute, die nachts noch besser sehen wollen, denn die Strecke wird noch besser ausgeleuchtet. Und sie stehen dem SJ gut zu Gesicht, weil sie ihm zusätzlich noch einen Schuß Sportlichkeit verleihen. Scheinwerfer-Paar montagefertig mit Kabelanschluß. Streuscheiben-Ø 160 mm oder rechteckig 145 x 86 mm.
rundes Paar Art.-Nr. 00800-83490-000
rechteckiges Paar (ohne Abb.) Art.-Nr. 00800-86490-000

Nebel-Zusatzscheinwerfer (ohne Abb.). Bei häufigeren Fahrten unter entsprechenden Wetterbedingungen sind Nebelleuchten unverzichtbar. Auch sie verbinden gutes Sehen mit sportivem Aussehen. Montagefertig mit Kabelanschluß, mit 160 mm Streuscheiben-Ø oder rechteckig 145 x 86 mm.
rundes Paar Art.-Nr. 00800-83495-000
rechteckiges Paar Art.-Nr. 00800-86495-000

Dachreling (nicht für Van). Basisträger mit 2 Querstreben für verschiedene Spezialhalter. Sehr vielseitig einsetzbar. Hochwertige Qualität: Stahlrohre phosphatiert und kunststoffbeschichtet, dadurch korrosionsgeschützt. Verbindungsstücke zwischen Reling und Querträgern aus Aluminiumguß. Genormter Querrohr-Durchmesser. Das ermöglicht, beliebige, genormte Aufbauteile zu montieren. Durch die mitgelieferte Anbauanleitung ist die Reling einfach an den SJ zu montieren. Alle Schrauben inklusiv.
schwarz (ohne Abb.) Art.-Nr. 00800-83102-001
weiß Art.-Nr. 00800-83102-002

Windteiler für Dachreling (ohne Abb.). Vermindert Windgeräusche bei montierter Dachreling. Art.-Nr. 00800-60115-000

Gepäckaufsatz (ohne Abb.). Stabiler, leichter Stahlkorb. Für diverse Gepäckstücke. Einfache, schnelle Befestigung.
Art.-Nr. 00800-82080-000

Skihalter. Für drei Paar Ski und bis zu drei Paar Skistöcken (Alpin u. Langlauf). Schnellmontage ohne Werkzeug und ohne Demontage der Dachreling. Abschließbar. Für 4–6 Paar Ski zweimal bestellen.
Art.-Nr. 00800-82086-000

Fahrradträger. Für den sicheren Transport eines Fahrrades. Bei 2 Fahrrädern doppelt bestellen. Als Aufsatz zum vielseitig verwendbaren Lastenträger. Art.-Nr. 00800-82091-000

Surf-Set. Bestehend aus Gurten, zwei Masthaltern und zwei weichen Schaumstoffauflagen für die beiden Querträger. Für alle Bretter geeignet. Art.-Nr. 00800-82075-000

3

SJ Samurai

SUZUKI-ORIGINAL-ZUBEHÖR

SUZUKI-FUN-COLLECTION

1991年8月、ドイツのSuzuki Auto GmbH Deutschland & Co. KGから発行された「SJ Samurai」のスズキ オリジナルアクセサリーカタログ。アンダーガード、サイドプロテクター、アルミホイールなどを除くほとんどの部品はSJ410型およびSJ413型にも使えた。

インドネシアで「カタナ（KATANA）」の名前で販売されていたSJ410型のカタログ。パノラミックウインドー無しのハイルーフバンで、ハイグレードのGXと標準グレードのDXが設定されていた。F10A型50hp/7.5kg-mエンジン+5速MTを積む。カタログは現地のP.T. INDOMOBIL NIAGA INTERNATIONALが発行したもの。

It's winning the war on boredom.

American Suzuki Motor Corp.から発行された1992年型「SAMURAI」のカタログ。G13B型1298cc 66hp/76lb-ft（10.5kg-m）（SAE ネット）エンジン+5速MTを積み、2WDと4WDが設定されていた。タイヤはP195/75R15（2WD車）、P205/70R15（4WD車）。ジムニーの1.3Lエンジンは、欧州の一部で1300ccを境に税金が高くなることから、1989年7月生産車以降G13A型1324cc（ボア×ストローク：74×77mm）のストロークを1.5mm詰めたG13B型1298ccに換装されている。

Samurai 1.0L 30/40 km/h

Der geländegängige Samurai 1.0L mit Allradantrieb, das ideale Arbeitsgerät für den wirtschaftlichen Einsatz in der Land- und Forstwirtschaft im 30-km/h-Betrieb (Fahrzeug Kat. G, ab 14 Jahren) oder in Gewerbe, Industrie oder auch privatem Verkehr als Personenwagen mit einer maximalen Geschwindigkeit von 40 km/h (Fahrzeug Kat. F, ab 16 Jahren).

La Samurai 1.0L tout terrain à traction intégrale, l'instrument de travail idéal pour une utilisation économique à 30 km/h dans l'exploitation agricole ou forestière (véhicule cat.G, dès 14 ans) ou dans le commerce, l'industrie et également dans le trafic privé comme véhicule de tourisme avec une vitesse maximale de 40 km/h (véhicule cat.F., dès 16 ans).

La Samurai 1.0L è una fuoristrada a trazione integrale, l'istrumento di lavoro per un uso economico a 30 km/h nell'azienda agricola o forestale (veicolo cat.G., a partire da 14 anni) oppure nel commercio, nell'industria e anche nel traffico privato come autovettura con una velocità massima di 40 km/h (veicolo cat.F., a partire da 16 anni).

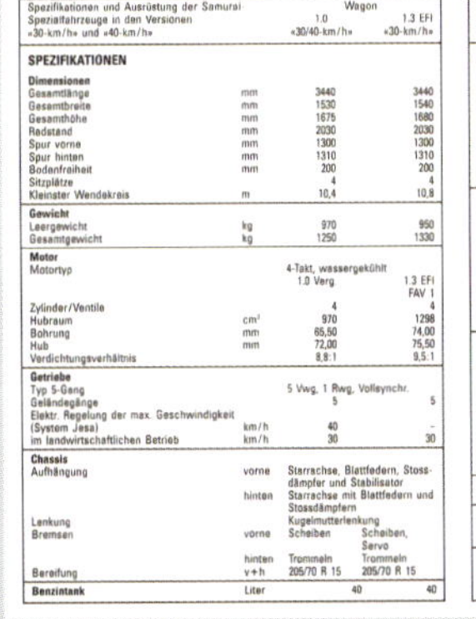

Spezifikationen und Ausrüstung der Samurai Spezialfahrzeuge in den Versionen «30-km/h» und «40-km/h»		Wagon 1.0 «30/40-km/h»	1.3 EFI «30-km/h»
SPEZIFIKATIONEN			
Dimensionen			
Gesamtlänge	mm	3440	3440
Gesamtbreite	mm	1530	1540
Gesamthöhe	mm	1675	1680
Radstand	mm	2030	2030
Spur vorne	mm	1300	1300
Spur hinten	mm	1310	1310
Bodenfreiheit	mm	200	200
Sitzplätze		4	4
Kleinster Wendekreis	m	10,4	10,8
Gewicht			
Leergewicht	kg	970	950
Gesamtgewicht	kg	1250	1330
Motor			
Motortyp		4-Takt, wassergekühlt 1.0 Verg.	1.3 EFI FAV 1
Zylinder/Ventile		4	4
Hubraum	cm^3	970	1298
Bohrung	mm	65,50	74,00
Hub	mm	72,00	75,50
Verdichtungsverhältnis		8,8:1	9,5:1
Getriebe			
Typ 5-Gang		5 Vwg. 1 Rwg. Vollsynchr.	
Geländegänge		5	5
Elektr. Regelung der max. Geschwindigkeit (System Jesa)	km/h	40	-
im landwirtschaftlichen Betrieb	km/h	30	30
Chassis			
Aufhängung	vorne	Starrachse, Blattfedern, Stossdämpfer und Stabilisator	
	hinten	Starrachse mit Blattfedern und Stossdämpfern	
Lenkung		Kugelmutterlenkung	
Bremsen	vorne	Scheiben	Scheiben, Servo
	hinten	Trommeln	Trommeln
Bereifung	v+h	205/70 R 15	205/70 R 15
Benzintank	Liter	40	40

Spezifikationen und Ausrüstung der Samurai Spezialfahrzeuge in den Versionen «30-km/h» und «40-km/h»	Wagon 1.0 «30/40-km/h»	1.3 EFI «30-km/h»
AUSRÜSTUNG		
Elektrische Ausstattung		
Halogenscheinwerfer	×	×
2-Stufen-Scheibenwischer	×	×
Heckscheibenheizung	×	×
Tachometer	×	×
Digitaluhr	–	×
Allradbetrieb-Anzeigelampe	×	×
Innenbeleuchtung (3 Pos.)	×	×
Innenausstattung		
Handschuhfach	×	×
Soft-Vinyl Armaturenbrett	–	×
Tages-/Nachtsicht-Rückspiegel	–	×
Sitzbezüge	Vinyl	Stoff
Kopfstützen	×	×
Separat abklappbare Rücksitze	×	×
Verstellbare Rücksitzlehnen	×	Voll
Einsteigemechanismus	×	×
Vinylböden in Fuss- und Kofferraum	×	×
Aussenausstattung		
Seitenschutzleisten	–	×
Kühlergrill	schwarz	schwarz
Stossstangen	schwarz	schwarz
Türgriffe	schwarz	schwarz
Aussenspiegel	schwarz	schwarz
Abschliessbarer Tankdeckel	×	×
Ausstellfenster	×	×
Stahlfelgen	×	×
Manuelle Freilaufnaben	–	×
Farben: Rot und grün		
Preis	**Fr. 22 590.–**	**Fr. 24 190.–**
Preis für metallisierte Farbe	–	Fr. 350.–

Der Hersteller und/oder die Suzuki Automobile AG, 8305 Dietlikon, behalten sich das Recht vor, diese Spezifikationen jederzeit zu ändern.

1992年にスイスのSUZUKI Automobile AGから発行された「SAMURAI」のカタログ。ワゴンのみでF10A型1LとG13B型1.3Lが設定され、5速MTを積む。タイヤは全車205/70R15を履く。

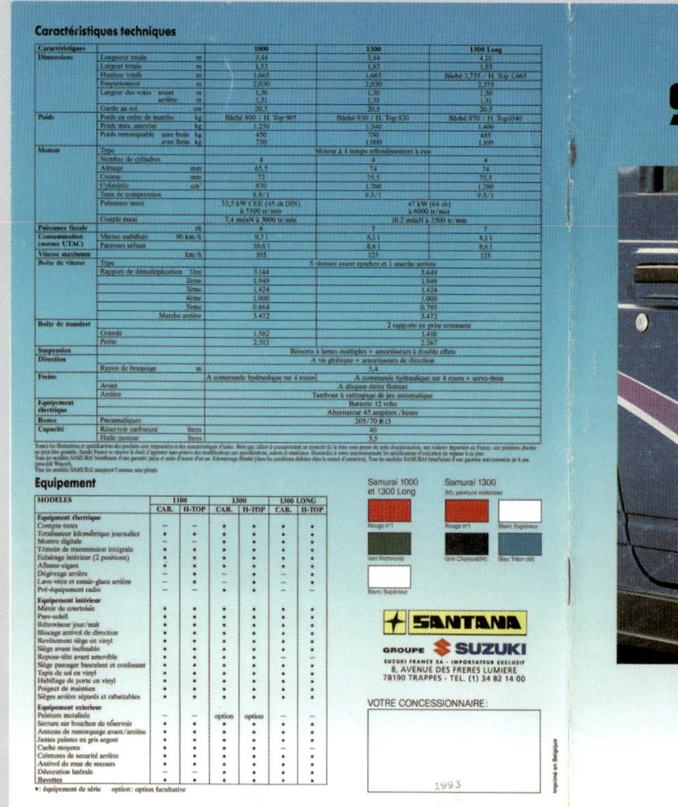

Caractéristiques techniques

Caractéristiques		1000	1300	1300 Long
Dimensions	Longueur totale m	3,44	3,44	4,01
	Largeur totale m	1,53	1,53	1,53
	Hauteur totale m	1,665	1,665	Bâché 1,735 / H. Top 1,665
	Empattement m	2,030	2,030	2,375
	Largeur des voies avant m	1,30	1,30	1,30
	arrière m	1,31	1,31	1,31
	Garde au sol cm	20,5	20,5	20,3
Poids	Poids en ordre de marche kg	Bâché 890 / H. Top 905	Bâché 930 / H. Top 920	Bâché 970 / H. Top1040
	Poids max. autorisé kg	1.250	1.340	1.400
	Poids remorquable sans frein kg	450	750	485
	avec frein kg	750	1.000	1.100
Moteur	Type	Moteur à 4 temps refroidissement à eau		
	Nombre de cylindres	4	4	4
	Alésage mm	65,5	74	74
	Course mm	72	75,5	75,5
	Cylindrée cm³	970	1.298	1.298
	Taux de compression	8,8/1	9,5/1	9,5/1
	Puissance maxi	33,5 kW CEE (45 ch DIN) à 5500 tr/min	47 kW (64 ch) à 6000 tr/min	
	Couple maxi	7,4 mdaN à 3000 tr/min	10,2 mdaN à 3500 tr/min	
Puissance fiscale	ch	6	7	7
Consommation (norme UTAC)	Vitesse stabilisée 90 km/h	9,7 l	8,1 l	8,1 l
	Parcours urbain	10,6 l	8,6 l	8,6 l
Vitesse maximum	km/h	105	125	125
Boîte de vitesse	Type	5 vitesses avant synchro et 1 marche arrière		
	Rapport de démultiplication 1ère	3.144	3.649	
	2ème	1.949	1.949	
	3ème	1.424	1.424	
	4ème	1.000	1.000	
	5ème	0.864	0.795	
	Marche arrière	3.472	3.472	
Boîte de transfert			2 rapports en prise constante	
	Grande	1.582	1.410	
	Petite	2.512	2.267	
Suspension		Ressorts à lames multiples + amortisseurs à double effets		
Direction		A vis globique + amortisseurs de direction		
	Rayon de braquage m	5,4		
Freins		A commande hydraulique sur 4 roues	A commande hydraulique sur 4 roues + servo-frein	
	Avant	A disques étrier flottant		
	Arrière	Tambour à rattrapage de jeu automatique		
Equipement électrique		Batterie 12 volts		
		Alternateur 45 ampères /heure		
Roues	Pneumatiques	205/70 R15		
Capacité	Réservoir carburant litres	40		
	Huile moteur litres	3,5		

[illegible]
Tous les modèles SAMURAI acceptent l'essence sans plomb.

Equipement

MODELES	1100		1300		1300 LONG	
	CAB.	H-TOP	CAB.	H-TOP	CAB.	H-TOP
Equipment électrique						
Compte-tours	–	–	•	•	•	•
Totalisateur kilométrique journalier	•	•	•	•	•	•
Montre digitale	–	–	•	•	•	•
Témoin de transmission intégrale	•	•	•	•	•	•
Eclairage intérieur (2 positions)	•	•	•	•	•	•
Allume-cigare	•	•	•	•	•	•
Dégivrage arrière	–	•	–	•	–	•
Lave-vitre et essuie-glace arrière	–	•	–	•	–	•
Pré-équipement radio	–	–	•	•	–	–
Equipement intérieur						
Miroir de courtoisie	•	•	•	•	•	•
Pare-soleil	•	•	•	•	•	•
Rétroviseur jour/nuit	•	•	•	•	•	•
Blocage antivol de direction	•	•	•	•	•	•
Revêtement siège en vinyl	•	•	•	•	•	•
Siège avant inclinable	•	•	•	•	•	•
Repose-tête avant amovible	•	•	•	•	–	–
Siège passager basculant et coulissant	•	•	•	•	•	•
Tapis de sol en vinyl	•	•	•	•	•	•
Habillage de porte en vinyl	•	•	•	•	•	•
Poignet de maintien	•	•	•	•	•	•
Sièges arrière séparés et rabattables	•	•	•	•	•	•
Equipement exterieur						
Peinture metalisée	–	–	option	option	–	–
Serrure sur bouchon de réservoir	•	•	•	•	•	•
Anneau de remorquage avant/arrière	•	•	•	•	•	•
Jantes peintes en gris argent	•	•	•	•	•	•
Cache moyeux	•	•	•	•	–	–
Ceintures de securité arrière	•	•	•	•	•	•
Antivol de roue de secours	•	•	•	•	•	•
Décoration latérale	–	–	•	•	•	•
Bavettes	•	•	•	•	•	•

•: équipement de série option: option facultative

Samurai 1000 et 1300 Long
Rouge n°1
Vert Richmond
Blanc Supérieur

Samurai 1300
(M): peinture métallisée
Rouge n°1
Blanc Supérieur
Gris Charcoal(M)
Bleu Triton (M)

SANTANA
GROUPE SUZUKI
SUZUKI FRANCE SA - IMPORTATEUR EXCLUSIF
8, AVENUE DES FRERES LUMIERE
78190 TRAPPES - TEL. (1) 34 82 14 00

VOTRE CONCESSIONNAIRE:

1993

Imprimé en Belgique

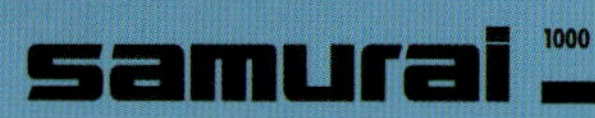

1000

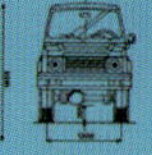

Le SAMURAI 1000 est prêt à résister à toutes les épreuves et à céder à tous vos désirs. Sa conception est à l'image de son châssis formé de deux impressionnants longerons mécano-soudés qui supportent, outre les organes mécaniques, une carrosserie entièrement en tôle d'acier, traitée par cataphorèse.

Le moteur est un 4 cylindres à arbre à cames en tête de 970 cm³/6 CV. Silencieux, souple, endurant, il développe une puissance de 45 ch DIN (33,5 kW) à 5500 tr/mn, alimenté par un carburateur horizontal. Le couple maxi est de 7,5 mkg (73,5 Nm) à 3000 tr/mn. Il est servi par une boîte manuelle à 5 rapports avant entièrement synchronisés, précise et douce.

Tous les SAMURAI 1000 sont à 4 roues motrices. Le passage d'un mode de traction à l'autre est aussi simple qu'immédiat et peut s'opérer en marche. La boîte transfert assure 2 vitesses en prise constante (normale et réduite). Les ponts offrent les meilleurs rapports dans tous les cas.

La suspension "soft" à lames multiples de forme semi-elliptique et amortisseurs hydrauliques à double effet présente un bon équilibre entre le confort routier et l'usage tout terrain. Les freins sont à disque à l'avant et à tambour à l'arrière.

LE PASSE-PARTOUT

Changez de vie. Joli, jeune, sympathique, le SAMURAI 1000 court, file et se faufile. Il détale, il avale la forêt, les champs et les plages désertes. Il saute, il grimpe jusqu'à 45°. Toujours prêt, rien ne l'arrête, même pas les rivières à gué, jusqu'à 60 cm de profondeur. Il se gare n'importe où dans la rue, il s'égare où vous voulez dans la solitude. Il avale les rocs, il aime le rock. Il passe partout mais jamais inaperçu. Il est dans le vent de la mode et de la nature.

Changez votre vie professionnelle. Joignez l'utile à l'agréable. Le SAMURAI 1000 sait transformer sa charge utile en charge héroïque par tous les temps et sur tous les terrains: dans la boue, le sable ou la neige. C'est un vrai tout terrain, tout transport, toute épreuve. Celui qui endure et qui dure, vous garantissant le meilleur investissement possible pour le travail, comme pour les loisirs.

1993年にフランスのSuzuki France SAから発行された「SAMURAI」の仏語版カタログ。ボディータイプは国内のフルメタルドアのみで、1Lエンジンの1000、1.3Lの1300と1300Long（ホイールベース2375mm）があり、それぞれにソフトトップの「カブリオレ」、脱着可能な樹脂製トップを付けた「ハードトップ」が設定されている。タイヤは全車205/70R15。下段の頁はSAMURAI 1000でF10A型エンジン+5速MTを積む。

前頁からの続きでSAMURAI 1300の頁。ここに載っているのはすべてカブリオレだが、ハードトップも存在した。G13B型エンジン+5速MTを積む。

SAMURAI 1300 LONG。標準モデルの2030mmに対し、2375mmのホイールベースを持つ。右頁にはアクセサリーが紹介されており、イタリアのベルマン社（Berman S.p.A.）製のブラックハードトップ（標準は白だけのようだ）も載っている。

Lieferbare Farben	SJ Samurai de Luxe Cabrio	SJ Samurai de Luxe Limousine
Weiß 26U	• Faltdach weiß	•
Grün 19H	• Faltdach schwarz	•
Schwarzblau-Metallic 1FG	• Faltdach weiß	•
Rot 27V	• Faltdach schwarz	
Anthrazit-Metallic 3B6	• Faltdach schwarz	•
Schwarz-Metallic 0BG	• Faltdach schwarz	

Die Farbmuster können aus drucktechnischen Gründen nur Anhaltspunkt für die Lackierung sein.
Die im Prospekt enthaltenen Angaben und Abbildungen sind unverbindlich und dienen nur der Information über den jeweiligen Stand.

Anders als alle anderen.

WER EINSTEIGT IST IN.

Suzuki SJ Samurai – ein Auto, eine Idee. Das Vergnügen pur – der maximale Spaß für junge Leute.
Das Fun-Car an sich, ein echtes Cabrio, das neue Dimensionen der Lust am Fahren eröffnet. Den Alltag hinter sich lassen, die Weite genießen, dem Abenteuer entgegen.
Persönlichkeit zeigen, Individualität ausleben, spontane Begegnungen suchen, finden und genießen.
Sport, Mode, Strand und Sonne, Feuer und Eis – die Welt des SJ Samurai. Die absolute Show für junge Leute.
Steigen Sie ein in den SJ Samurai – steigen Sie ein ins bunte Leben.

STEHLEN SIE DEN ANDEREN DIE SCHAU.
SJ Samurai – total im Trend, ganz groß in Mode.
Eigenwillig und typisch. Sportlich und jung, komfortabel und elegant – robust und zuverlässig.
Wo immer er auftaucht, stiehlt er anderen die Schau.
Einsteigen in den SJ Samurai und wissen, daß man ein Auto fährt, das andere gerne hätten.
GUTE LAUNE INKLUSIVE.
IMMER EINE IDEE VORAUS.
Als Fun-Car war und ist der SJ Samurai seiner Zeit immer um eine Idee voraus. Der 4-Zylinder-Leichtmotor mit seinen 1298 cm³ bringt kräftige 51 kW (70 PS). Die kraftstoffsparende, leistungssteigernde elektronisch gesteuerte Zentraleinspritzung ist ebenso selbstverständlich wie Kennfeldzündung und ein geregelter 3-Wege-Kat.
Ob Stadt, ob Land der SJ Samurai ist ein guter Begleiter. Wählen Sie Ihr Modell: Den SJ Samurai als Cabrio, oder als Limousine mit geschlossener Karosserie.
SJ SAMURAI
SJ SAMURAI DE LUXE, CABRIO

1993年3月、ドイツのSuzuki Auto GmbH Deutschland & Co. KGから発行された「SJ SAMURAI」のカタログ。SJ SAMURAI デラックスカブリオの数量限定のスペシャルモデルとドレスアップした標準モデル（右上の赤いクルマとその下のモデル）。特に若者に対して、トレンディー、ファッショナブルで注目されること請け合いのSJ SAMURAIでカラフルな生活に参加しませんか、と訴求している。

SJ SAMURAIにはカブリオ（コンバーティブル）のほかにクローズドボディーのリムジーネ（セダン）も設定されていた。いずれもG13B型エンジン70ps/10.5kg-m（DIN）+5速MTを積む。

SJ SAMURAI. STECKT VOLLER ÜBERRASCHUNGEN.

Abb.: SJ Samurai de Luxe, Cabrio und Suzuki-Original-Zubehör.

Lenkrad und Armaturenbrett zeigen sich in typgerechtem, sportlichem Styling. Sämtliche Instrumente können bequem eingesehen werden (abgebildetes Radio nicht serienmäßig).

Geräumige Ablage mit abschließbarem Handschuhfach.

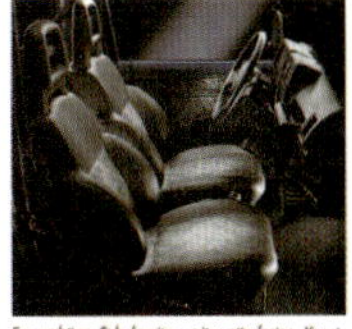

Formschöne Schalensitze mit wetterfesten Kunststoff-Sitzflächen, breite Seitenführungen an den Rückenlehnen und Kopfstützen im SJ Samurai de Luxe, Cabrio.

Abschließbarer Tankdeckel.

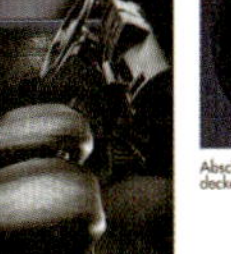

Heizbare Heckscheibe (Limousine de Luxe).

Entfroster für Seitenscheibe.

Hochwertiger Velours-Teppichboden in der Limousine de Luxe.

Körpergerecht geformte Sitze auch im Fond des SJ Samurai. Für die variable Raumausnutzung ist die Rücksitzbank geteilt umklappbar.

Serienmäßig ausgestattet mit Allwetterreifen 205/70 R 15. Im Bild zu sehen: die Freilaufnabe.

Für besonders großen Platzbedarf läßt sich die Rücksitzbank vollständig wegklappen.

Die Schalthebel fürs Fünfgang- und Allrad-Getriebe liegen griffgerecht neben dem Fahrersitz.

Sonnenblende mit Schminkspiegel auf der Beifahrerseite.

Auch innen zeigt sich der SJ Samurai von seiner besten Seite. Alle Bedienungs- und Anzeigenelemente sind gut sichtbar und bedienfreundlich. Das Heizungs- und Belüftungssystem ist leistungsstark und variabel einstellbar und wird jedem Wetter gerecht. Körpergerecht geformte Sitze, Kopfstützen und die großzügige Innenausstattung laden zum Wohlfühlen ein. Die Materialien sind perfekt aufeinander abgestimmt. Dazu gibt es jede Menge Suzuki-Original-Zubehör, das es ermöglicht, aus dem SJ Samurai seinen ganz persönlichen SJ Samurai zu machen.

10 11

SJ SAMURAI. PASST SICH JEDEM UND ALLEM AN.

Für welchen SJ Samurai Sie sich auch entscheiden – Sie bekommen ein Auto mit dem typischen robust-sportlichen Charakter.

Mit dem zuschaltbaren Allradantrieb und einer Spurbreite von ca. 1,30 m zeigt sich der SJ Samurai wendig, spurtreu, sicher und zuverlässig. Ob es steil hinauf geht, ob im Jagd- und Forstbetrieb über Waldwege, durch Kies und Geröll, seine Bodenfreiheit und der große Böschungswinkel verhindern ein Aufsetzen oder Hängenbleiben. Sein Geländegang bringt doppelte Kraft auf alle vier Räder – und begeisternd ist auch seine Steigfähigkeit. Dem wirtschaftlichen und geräuschvermindertem Fahren auf der Straße dienen die bequem zu schaltenden Freilaufnaben. Kugelumlauflenkung und Lenkungsdämpfer garantieren in allen Situationen ein exaktes Lenkverhalten. Für noch mehr aktive Sicherheit: Scheibenbremsen vorn, selbstnachstellende Trommelbremsen hinten und Bremskraftverstärker für maximale Bremsleistung.

Wählen Sie Ihr Modell – eines paßt bestimmt zu Ihnen.

SJ Samurai de Luxe, Cabrio und Suzuki-Original-Zubehör.

SJ Samurai de Luxe, Cabrio und Suzuki-Original-Zubehör.

SJ Samurai de Luxe, Limousine.

14 17

「SJ SAMURAIは、驚きだらけ」「SJ SAMURAIは、誰にも何にでも適応します。」のコピーをつけて、装備の数々を紹介している。折りたたみ式リアシートベンチは標準装備であった。

1996年にドイツのSuzuki Auto GmbH Deutschland & Co. KGから発行された「SJ SAMURAI」のカタログ。表紙はデラックスカブリオ。

1993年に日本で発行されたSAMURAIとSIERRA用スズキ純正アクセサリーカタログ。

American Suzuki Motor Corp.から発行された1994年型「SAMURAI」のカタログ。2WD車はカタログから落とされ、4WD車のみとなった。G13B型1298cc 66hp/76lb-ft（10.5kg-m）（SAE ネット）エンジン+5速MTを積み、タイヤはP205/70R15。

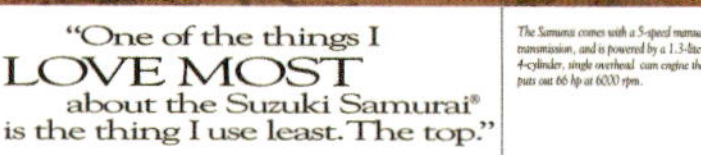

The Samurai comes with a 5-speed manual transmission, and is powered by a 1.3-liter, 4-cylinder, single overhead cam engine that puts out 66 hp at 6000 rpm.

The Suzuki Samurai inspires close, special relationships with the people who drive it. And understandably so.

With the top down and the rear filled with weekend gear, it's cool, breezy, and ready for just about anything. It's built tough and rugged, to last. The suspension is a rigid axle with leaf springs and double-action hydraulic shock absorbers, front and rear. The brakes are power-assisted discs in front and drums in the rear. It comes with 4-wheel drive, electronic fuel injection and an electronic ignition system, all standard. It's peppy, agile and very maneuverable to get in and out of all kinds of tight spaces, including tight parking spaces.

Where it won't put you is in a tight space financially. It's not only the lowest-priced vehicle in its class, with an unbeatable EPA-estimated 28 MPG city, 29 highway, the Samurai has the best fuel economy in its class as well.

Small wonder over 300,000 Samurais have been sold here in the U. S. Finding one with over 100,000 miles on it isn't exactly rare. Could this be love?

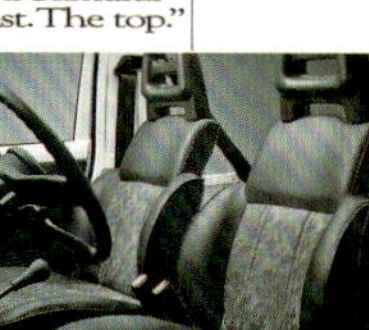

With reclining front bucket seats with sport-style vinyl trim, tinted glass, intermittent wipers and dual outside mirrors, the Suzuki Samurai is a vehicle you can live with for the long haul.

It's easy to personalize your Samurai with all sorts of snazzy accessories: A front mask. An arm rest and center console. Carpet mats. A security alarm system. And, if the open air isn't enough, an air conditioner.

Halogen headlights in front of you. Styled-steel painted wheels with black-center caps to the side of you. Tough, rugged construction, to put mile after mile of good times behind you.

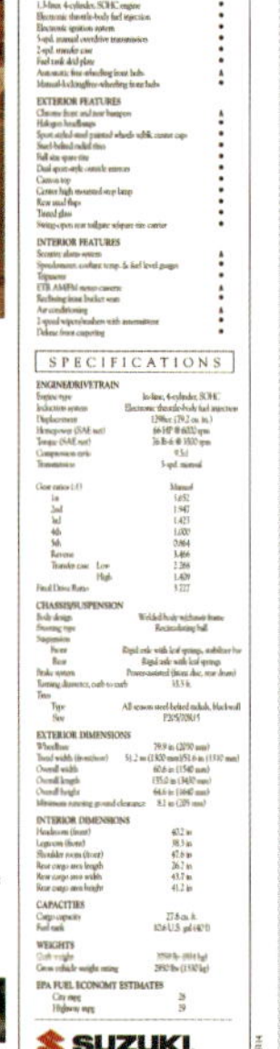

DRIVE RESPONSIBLY. BUCKLE UP FOR SAFETY · DON'T DRINK AND DRIVE.

American Suzuki Motor Corp.から発行された1995年型「SAMURAI」のカタログ。米国市場におけるSAMURAI最後のカタログであろう。

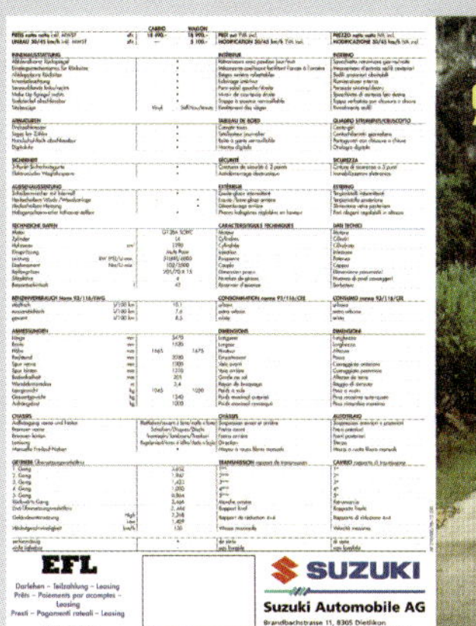

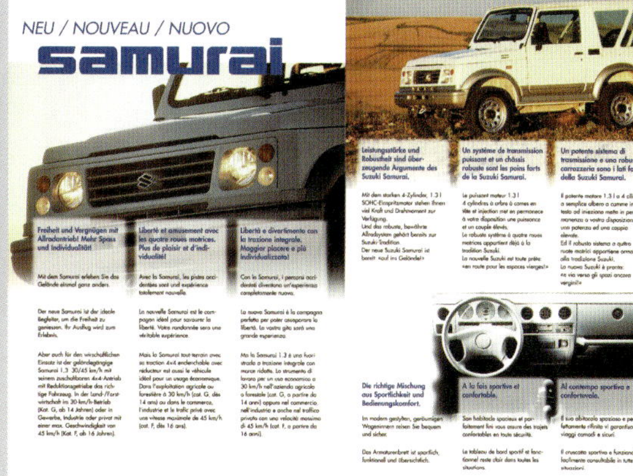

1998年10月、スイスのSuzuki Automobile AGから発行された「SAMURAI」のカタログ。スイスの公用語であるドイツ語、フランス語、イタリア語の3カ国語版。コピーは「全輪駆動でレジャーと喜び！ もっと楽しく個性を！」「サムライを使用すると、まったく異なる方法で地形を体験できます。」「サムライでは、険しいゲレンデはまったく新しい体験になります。」とある。カブリオとワゴンがあり、G13BA型エンジン+5速MTを積み、タイヤは205/70R15を履く。9月には3代目のカタログが発行されており、しばらくの間併売されていたと思われる。

2000年2月にドイツのSUZUKI Auto GmbH Deutschland & Co. KGから発行された「SUZUKI SAMURAI」のカタログ。バンとピックアップがあり、エンジンはG13B型ガソリンに加えて、1905cc直列4気筒ターボディーゼル46kW（63ps）/4300rpm、114N･m（11.6kg-m）/2500rpmが設定されていた。

JA51型（1984年11月〜1988年）

1984年11月、輸出向け1.3L車（SJ413型）より数カ月遅れで発売された「ジムニー1300（JA51-1型）」のカタログ。サイズはホイールベース2030mm、全長3355mm、全幅1465mm、最低地上高215mm。白いクルマは新設定された乗用タイプのワゴン（GWL）。

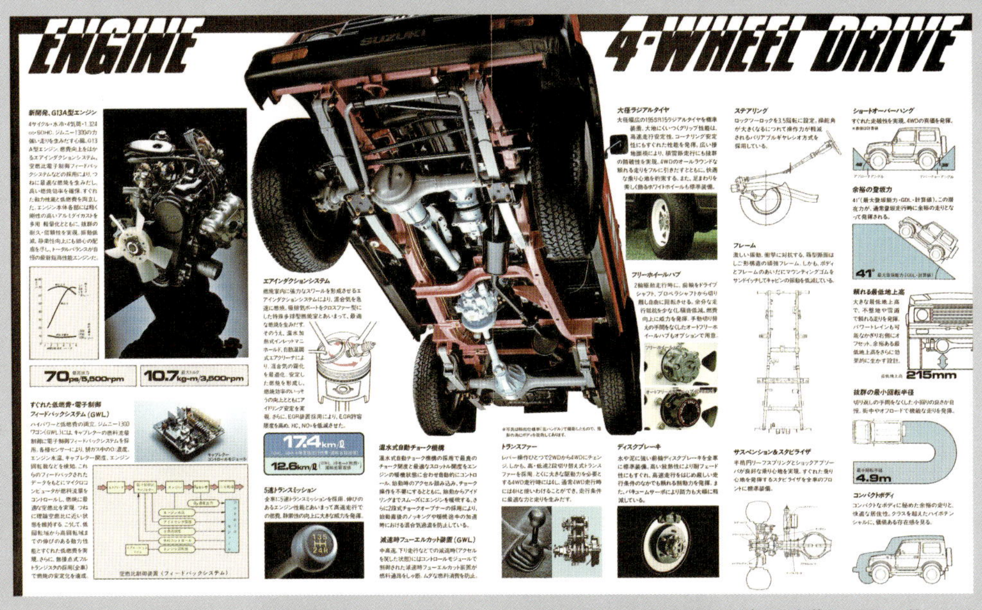

G13A型1324cc水冷4サイクル直列4気筒OHC 70ps/5500rpm、10.7kg-m/3500rpmエンジン+5速MTを積む。G13A型エンジンはシリンダーブロックにアルミダイキャストを採用するなど、各部に軽量化を図り、整備重量78kgを実現している。フロントサスペンションにスタビライザーが追加され、フロントブレーキにはバキュームサーボ付きディスクブレーキが採用された。オートフリーホイールハブがオプション設定されている。タイヤは全車195SR15ラジアルを履く。

左はハーフメタルドア（GKL）、右は乗用タイプのワゴン（GWL）。

運転席周りでは3本スポークのステアリングホイール、新デザインのインストゥルメントパネルにはタコメーターが装着された。前席にはバケットタイプシートを装備し、ワゴンのシート表皮はフルファブリックを採用。また、ワゴンにはロングドライブ時の休息に便利な、フルフラットシートを採用している。

「個性を包む。」いろいろな装備。モデルバリエーションと価格は、左からハーフメタルドア（GKL）109.5万円、フルメタルドア（GML）111.5万円、乗用ワゴン（GWL）132.5万円、バン（GDL）119.9万円。

1985年12月、マイナーチェンジと同時にパノラミックルーフ・ワゴンを追加して発売された「ジムニー1300（JA51-2型）」のカタログ。パノラミックルーフ・ワゴンは、従来のワゴンをベースにハイルーフ化し、ルーフ両側にパノラマウインドーを装着した新車種。

JA51-2型の運転席と室内。ワゴン車には、荷物の量、乗車人数に合わせた使い方ができる分離可倒式後部座席を採用、後席への乗り降りに便利な助手席シートスライド機構を採用。

砂漠に佇むジムニー1300ハーフメタルドア（GKL）。コピーは「次は、ひとりで。知らない道に出会う、ジムニー・ツーリング。」。ジムニーのカタログは、コピーも魅力的なものが多い。

開放感あふれるキャビンを演出するパノラミックルーフ(GYL)。
明るい光と開放感をキャビンに導く、パノラマウインドー付のハイルーフ。ルーフ側面に高級感あふれるスモークド・パノラマウインドーを装備し、室内に自然光を満たします。ロングドライブにはうれしい装備。ワゴンのグレード感もさらにアップしました。さらに、一体成型天井を採用。室内をより広く快適にしています。

硬質のダンディズムを磨きあげた、ワゴンタイプ。

■内装・インストルメントパネルはGWL・GYL共通。

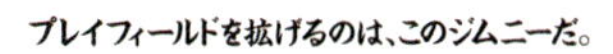

プレイフィールドを拡げるのは、このジムニーだ。

■内装・インストルメントパネルはGML・GKL共通。

JA51-2型のラインアップ。全車にハロゲンヘッドランプが標準装備され、幌型車の幌の色が黒⇒白へ変更された。モデルバリエーションと価格は、上段左がパノラミックルーフ・ワゴン（GYL）137.5万円、右は乗用ワゴン（GWL）135万円、下段左からフルメタルドア（GML）113.5万円、ハーフメタルドア（GKL）111.5万円、バン（GDL）121.9万円。

1986年11月に100台限定発売されたジムニー初の特別仕様車「ウインターアクションスペシャル」のカタログ。ジムニー1300パノラミックルーフワゴン（GYL）をベースに、専用スキーキャリア、スノートレイマット、AM/FMラジオ付きカセットステレオ、ブロンズガラス、クロームメッキホイールを標準装備した寒冷地仕様で、ウインタースポーツを愛好するユーザーの要望に応えたモデル。価格は145万円でベースモデルの7.5万円高であった。

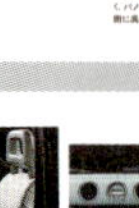

1987年2月、ジムニー1300のハーフメタルドア（GKL）とバン（GDL）がカタログから落とされ、ここに載せた3モデルに絞られた。同時にフロントウインドシールドに合わせガラスを、ワゴンタイプ車にはブロンズガラスが採用された。

くつろぎのなかにも、野性味がある。ワゴンタイプ。

1985年11月に発行されたジムニー550系および1300用オプションカタログ。カスタマイズするための豊富なパーツが取り揃えてある。

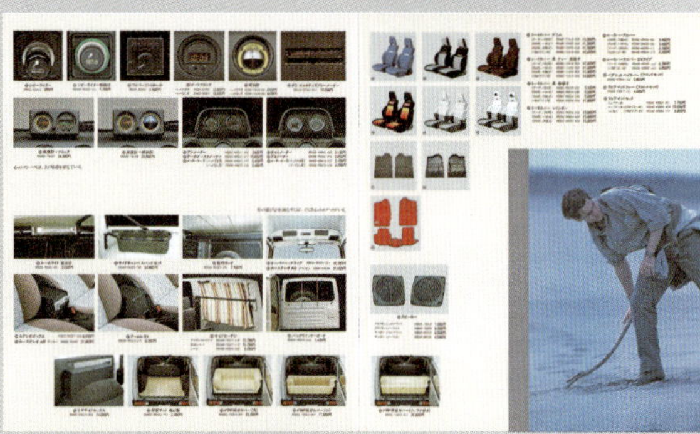

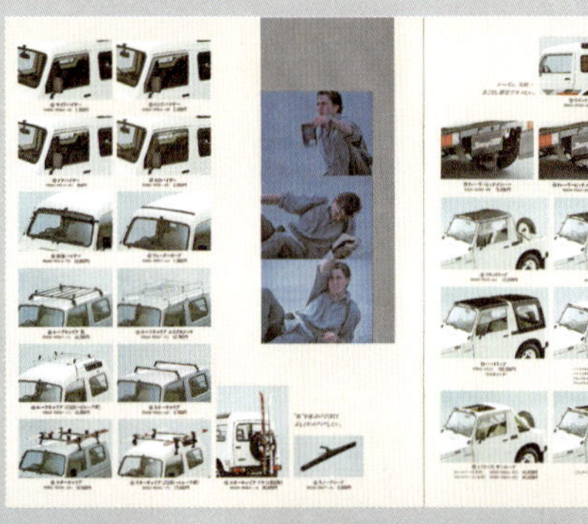

● JA11型（1990年3月〜1995年10月）●

1990年3月、同年1月1日に改定された軽自動車の新規格（エンジン550cc⇒660cc、全長3200mm未満⇒3300mm未満）に対応して発売された「ジムニー660インタークーラーターボ（JA11-1型）」のカタログ。主な変更点は、フロントグリルのデザイン変更と共に前後バンパーを大型化して安全性を向上。ボディーの強度・剛性も向上した。サイズはホイールベース2030mm、全長3295mm、全幅1395mm、最低地上高205（バンHAは225）mm。タイヤは175/80R16 91Q（バンHAは6.00-16-4PR）。

JA11型の運転席と室内。3本スポークのMOMO製ステアリングホイール、エアコン、傾斜計と高度計、電子チューニング式AM/FMラジオ付きカセットステレオはディーラーオプション。

エンジンは新開発のF6A型657cc水冷4サイクル直列3気筒インタークーラーターボ55ps/5500rpm（ネット）、8.7kg-m/3500rpmを積む。

JA11型のモデルバリエーションと価格は、右頁の上からフルメタルドア（CC）112.2万円、パノラミックルーフ（EC）117.7万円、バン（HA）99.4万円、左頁はバン（HC）115.3万円。

1990年10月、スズキの創立70周年とジムニー発売20周年記念特別限定車「ワイルドウインド」が1000台限定発売された。ジムニー660インタークーラーターボバン（HC）をベースに、ルーフキャリア、ドアミラーカバー、専用スペアタイヤハウジングを装着。内装ではフルファブリックの専用シート、エアコンを装備。足回りでは、ハード・ソフトの2段階調節が可能な可変式ショックアブソーバー、リミテッドスリップデフを装備している。価格は132.3万円。

1991年6月、マイナーチェンジを受け、スズキのエンブレムをあしらった新デザインのフロントグリルとバンパーが採用された「ジムニーEPIインタークーラーターボ（JA11-2型）」のカタログ。この時点でモデル名から「660」が削除された。

これが変幻自在の
ワンダーランド・ビークルだ。
Jimny

走るほど出る
神出鬼没のジムニー・ワールド
Jimny

ビルの街と大自然は
このビークルと青空でつながっている

キーを回せば、即、ワープ。

冒険だったら いくらでも積みこめる。

JA11-2型の運転席と室内。3本スポークのMOMO製ステアリングホイール、傾斜計と高度計、電子チューニング式AM/FMラジオ付きカセットステレオはディーラーオプション。

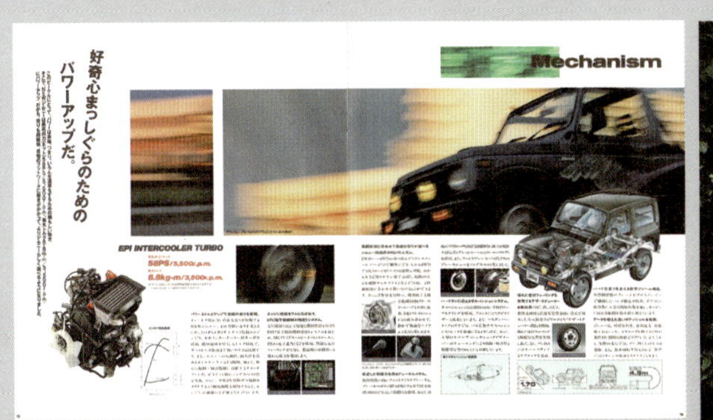

JA11-2型ではエンジン出力が55ps/8.7kg-m（ネット）⇒58ps/8.8kg-m（ネット）にアップした。バン（HA）を除く全車に、悪路走破性と高速安定性を高い次元で両立した全天候型ラジアルタイヤであるブリヂストン製「デザートデューラー682」（175/80R16 91Q）が装着された。

JA11-2型のモデルラインアップは変わらず、価格は2.3〜2.5万円引き上げられた。ステアリングホイールは新デザインの3本スポークに変更されている。

「シティ派。アウトドア派も大満足の装備&オプション」のコピーと、標準装備品（左頁）とオプション部品（右頁）の一部。

1991年11月、2400台が限定発売された特別限定車「ワイルドウインドリミテッド」。手軽に4WD車を楽しんでもらうことを目的に設定されたモデルで、ジムニーHCタイプをベースに、ジムニーとしては初めてパワーステアリングを採用したほか、エアコンを標準装備。サターンブラックメタリックに塗装されたボディーには、専用ストライプテープ、アルミホイールを組み合わせて精悍さを演出し、専用ルーフキャリア、スペアタイヤハウジングを装着している。価格は139.8万円。

1992年7月、マイナーチェンジされた「ジムニーEPIインタークーラーターボ（JA11-3型）」のバン（HC）に電子制御3速AT車が設定された。価格はMT車より9.3万円高の131.1万円であった。同時にパワーステアリングがバン（HC）およびパノラミックルーフ（EC）に標準装備された。外観では、良好な視界確保のために新しくフェンダーミラーを採用、助手席側には補助ミラーもあわせて採用している。他のモデルの価格はCCタイプ115万円、ECタイプ124.2万円、HAタイプ102.4万円。1994年4月にはパノラミックルーフ（EC）にもAT車を設定、バン（HA）にパワーステアリングを装備している。

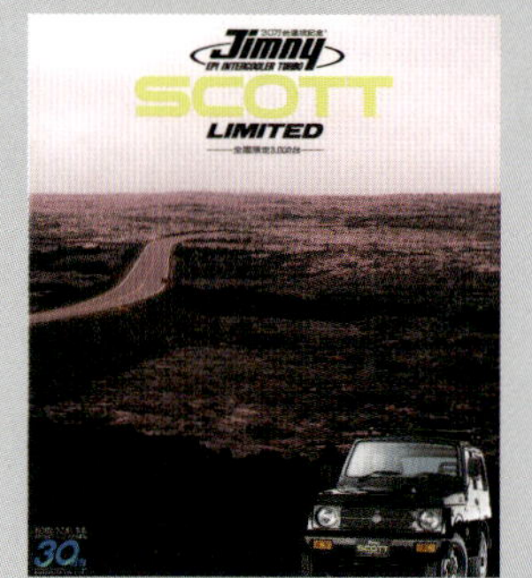

1992年7月、ジムニーの国内累計販売台数30万台達成を記念して発売された特別限定車「ジムニーEPIインタークーラーターボ スコットリミテッド」。スキー用品、マウンテンバイクメーカーとして人気の高いブランド「スコット」とタイアップして設定された。HCタイプをベースに、エアコン、減衰力可変式ショックアブソーバー、テルツォ（TERZO）製ルーフベースキャリアなどを標準装備する。価格は133.8万円（5速MT）、143.1万円（3速AT）。

1992年11月、3500台が限定発売された特別限定車「ワイルドウインドリミテッド」。パワステ標準装備のジムニーHCタイプをベースに、エアコン、ハイパワーAM/FMラジオ付きカセットステレオ、MOMO製革巻きステアリングホイール、アルミホイール、マルチルーフキャリアなどを標準装備。価格は140.6万円（5速MT）、149.9万円（3速AT）。

1993年6月、4500台が限定発売された特別限定車「スコットリミテッド」。アウトドアスポーツ用品メーカーとして人気の高いブランド「スコット」とタイアップして設定されたモデルで、ジムニーHCタイプをベースに、エアコン、減衰力可変式ショックアブソーバーを装備する。価格は133.8万円（5速MT）、143.1万円（3速AT）。

1993年11月、5000台が限定発売された特別限定車「ワイルドウインドリミテッド」。ジムニーバンHCタイプをベースに、エアコン、AM/FMラジオ付きカセットステレオ、MOMO製革巻きステアリングホイール標準装備。ダーククラシックジェイドパールに塗装されたボディーには専用ストライプテープ、アルミホイールを組み合わせて精悍な外観とし、マルチルーフキャリア、スペアタイヤハウジングを装着。価格は140.6万円（5速MT）、149.9万円（3速AT）。

道の数だけ、ジムニーがある。

1994年4月、マイナーチェンジされた「ジムニーEPIインタークーラーターボ（JA11-4型）」には、全車に室内難燃化材を採用、およびシートベルト未装着警告灯が装着された。これはバンHCタイプ。

F6A型657cc水冷4サイクル直列3気筒EPIインタークーラーターボ58ps/5500rpm（ネット）、8.8kg-m/3500rpmエンジンとフルメタルドアCCタイプ。幌にも難燃化材が採用された。

遊びのセンスは、誰にも負けない。

1994年4月、パノラミックルーフECタイプにも電子制御3速AT車が設定された。価格はMT車より9.3万円高の133.5万円。

「これが軽快4×4の本格メカニズム。」のコピーをつけて主要メカニズムの紹介。モデルバリエーションに変更はないが、バンHAタイプにパワーステアリングが装備され、価格が3.5万円高の105.9万円となった。唯一の幌タイプCCはこの時点で一時期受注生産となった。

1994年6月、4500台が限定発売された特別限定車「サマーウインドリミテッド」。サマーシーズンにも快適に走りを楽しんでもらおうと設定されたモデルで、HCタイプをベースに、エアコン、TERZO製ベースキャリア、アルミホイールなどを標準装備している。価格は134.8万円（5速MT）、144.1万円（3速AT）。

1994年10月、5000台が限定発売された特別限定車「ワイルドウインドリミテッド」。ジムニーバンHCタイプをベースに、エアコン、AM/FMラジオ付きカセットステレオを標準装備。黒と銀の2種類の車体色のボディーには、専用ストライプテープ、アルミホイール、新デザインのアルミ製ルーフキャリア、専用スペアタイヤハウジングを装着。価格は135.8万円（5速MT）、145.1万円（3速AT）。

1995年2月6日に発売された特別仕様車「ジムニーランドベンチャー」。前年の12月13日に新発売されたパジェロミニに対抗すべく、スズキが出した回答が「ランドベンチャー」であった。JA11-5型となったが、他の5型のラインアップ前に先行して発売された。エンジンの最高出力は58psからパジェロミニと同じ64psに、最大トルクは8.8kg-m⇒10.0kg-mにアップされた。新冷媒HFC134a採用のエアコン、パワステ、ハイパワーAM/FMラジオ付きカセットステレオ（デジタルクロック付き）を装備するとともに、室内の内装にファブリックを使用したフルトリムとし、防眩式ルームミラー、熱線吸収グリーンガラス採用など、快適性を向上させている。また、アルミホイール、アルミ製ルーフキャリアを装着し、精悍な外観を演出している。価格は133.2万円（5速MT）、142.5万円（3速AT）。

1995年3月、マイナーチェンジされ発売された「ジムニー（JA11-5型）」のカタログ。車名はシンプルに「Jimny」となった。F6A型直列3気筒SOHC EPIインタークーラーターボエンジンの出力が58ps/5500rpm（ネット）、8.8kg-m/3500rpm⇒64ps/6000rpm（ネット）、10.0kg-m/4000rpmに強化された。「4×4の原点です。」のコピーとともに、最後のリーフスプリングジムニーとなった。

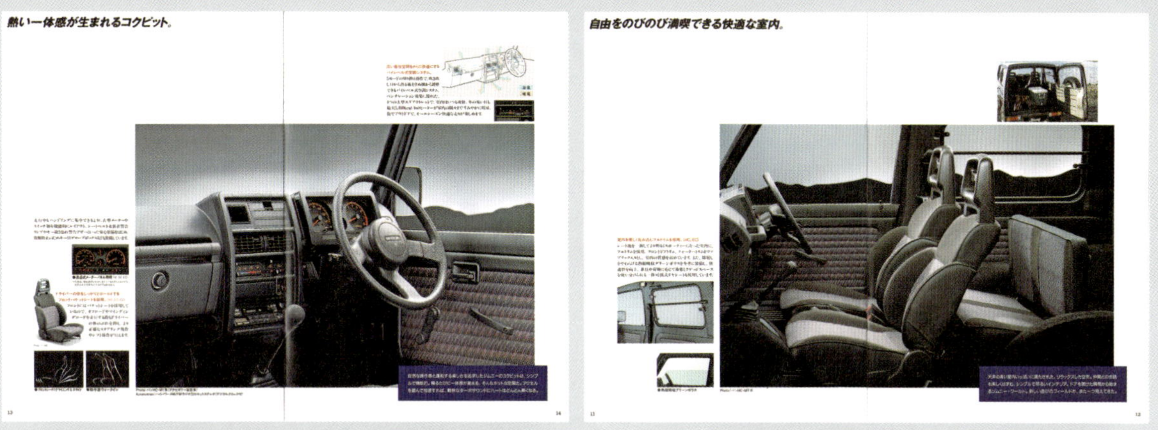

JA11-5型の室内。熱線吸収グリーンガラス（全車）、防眩式ルームミラー（バンHAを除く）を採用、バンHCとパノラミックルーフECのフロントドアトリム、クォータートリムをファブリック入りとし、さらに室内をフルトリムとして質感を高めている。

モデルバリエーションは4種だが、HCとECタイプには5速MTに加えて3速AT車も設定されている。オプションのエアコンは新冷媒HFC134a対応となった。

●JA12型／JA22型（1995年11月～1998年9月）●

1995年11月、ビッグマイナーチェンジを受けて発売された「ジムニー（JA12型/JA22型）」のカタログ。主な変更点は、前後サスペンションをコイルスプリングに変更。JA12型にはF6A型インタークーラーターボ64ps/10.0kg-mエンジンを、JA22には新開発のオールアルミ製K6A型インタークーラーターボ64ps/10.5kg-mを積む。センタートランスファーにはサイレントチェーンを採用。外観では、フロントグリル、フロントフード、フロントフェンダー、バンパーのデザイン変更およびバンパーの樹脂化、幌モデル（CC）にスポーツバーとパッド新設、サイドミラーをドアミラーに変更など。さらに、軽規格ジムニーに初めて乗用車仕様が設定された。写真は左上から時計回りに、XC、XSとXC（赤色）、CC、YC。

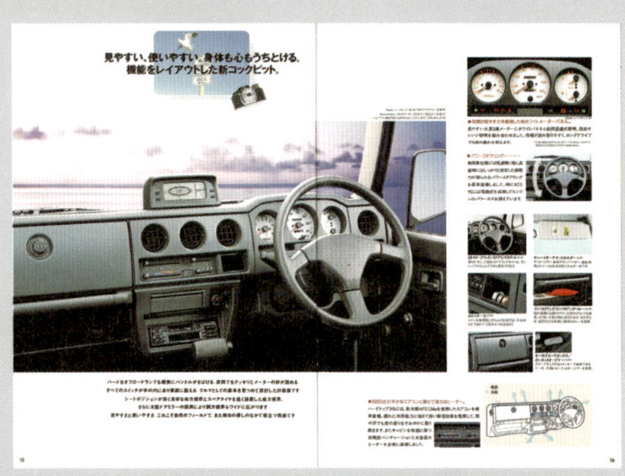

室内では、インストゥルメントパネル、ステアリングホイールのデザイン変更、コンソールボックスとリアサイドポケット新設、フロントシート形状の変更とシートスライド量増加（+60mm）、サイドドアビームの採用、室内トリムの変更など。XCとYCにはリアシートピローが標準装備された。

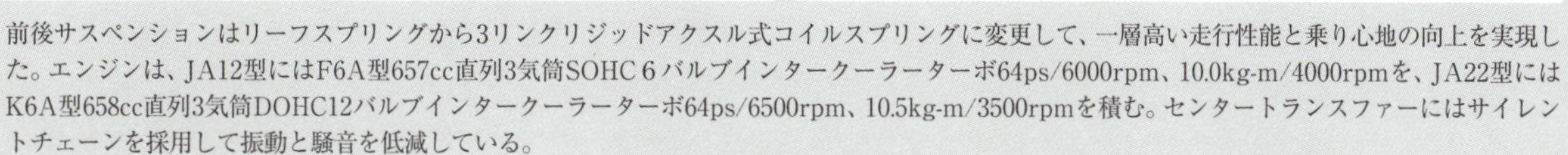
前後サスペンションはリーフスプリングから3リンクリジッドアクスル式コイルスプリングに変更して、一層高い走行性能と乗り心地の向上を実現した。エンジンは、JA12型にはF6A型657cc直列3気筒SOHC 6バルブインタークーラーターボ64ps/6000rpm、10.0kg-m/4000rpmを、JA22型にはK6A型658cc直列3気筒DOHC12バルブインタークーラーターボ64ps/6500rpm、10.5kg-m/3500rpmを積む。センタートランスファーにはサイレントチェーンを採用して振動と騒音を低減している。

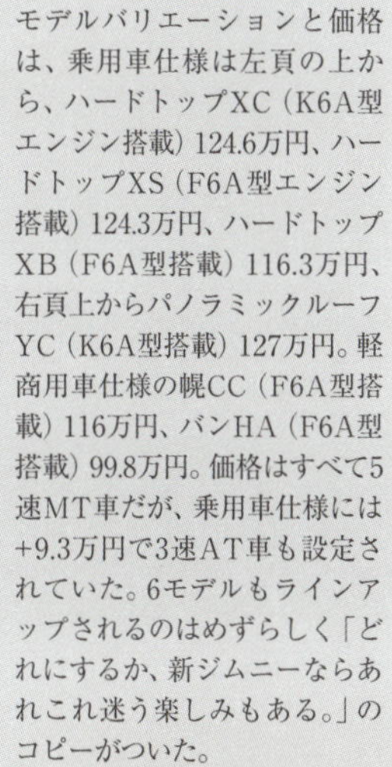
モデルバリエーションと価格は、乗用車仕様は左頁の上から、ハードトップXC（K6A型エンジン搭載）124.6万円、ハードトップXS（F6A型エンジン搭載）124.3万円、ハードトップXB（F6A型搭載）116.3万円、右頁上からパノラミックルーフYC（K6A型搭載）127万円。軽商用車仕様の幌CC（F6A型搭載）116万円、バンHA（F6A型搭載）99.8万円。価格はすべて5速MT車だが、乗用車仕様には+9.3万円で3速AT車も設定されていた。6モデルもラインアップされるのはめずらしく「どれにするか、新ジムニーならあれこれ迷う楽しみもある。」のコピーがついた。

1995年11月に発売された特別仕様車「ワイルドウインド」。ハードトップXCをベースに、エアコン、ハイパワーAM/FMラジオ付きカセットステレオ（デジタルクロック付き）、専用フルファブリックシート、アルミルーフキャリア、専用16インチアルミホイール、専用スペアタイヤハウジング、専用ストライプテープを標準装備。価格は135.7万円（5速MT）、145万円（3速AT）。

1996年9月に発売された特別仕様車「ランドベンチャー」のカタログ。ハードトップXCをベースに、エアコン、マルチメーター（方位計+気圧計+高度計）、専用ファブリックシート、アルミルーフキャリア、LEDハイマウントストップランプ内蔵ルーフエンドスポイラー、専用16インチアルミホイール、専用スペアタイヤカバー、カラードバンパーなどを標準装備。価格は135.7万円（5速MT）、145万円（3速AT）。さらに、メーカーオプションとして、4輪ABS（4.5万円高）、4輪ABS＆運転席SRSエアバッグ（7万円高）が選択可能であった。

1997年5月、マイナーチェンジを受けて発売された「ジムニー（JA12-2型/JA22-2型）」。走行中でも、二輪駆動⇔四輪駆動の切り替えがトランスファーレバーの操作のみで行える新開発の機構「ドライブアクション4×4」が搭載された。そのほか内装・外観の仕様が一層向上している。モデルバリエーションは4モデルに整理され、乗用車仕様のハードトップXC（K6A型エンジン搭載、他のモデルはすべてF6A型）125.6万円、ハードトップXL 127.8万円、商用車仕様の幌CC 116万円、バンHA 99.8万円。価格はすべて5速MT車だが、乗用車仕様には+9.3万円で3速AT車も設定されていた。この時点でパノラミックルーフがカタログから落とされている。

1997年5月に発売された特別仕様車「フィッシングマスター」。乗用車仕様XCをベースに、釣りを楽しむ人向けの機能を盛り込んだ、お買い得な特別仕様車で、エアコン、AM/FMラジオ付きカセットステレオ、木目調インストゥルメントパネル、防水シートカバー、室内天井に、竿を傷つけずに収納できるロッドホルダーなどを標準装備する。価格は136.7万円（5速MT）、146万円（3速AT）。

1997年5月に発売された特別仕様車「ワイルドウインド」。乗用車仕様XCをベースに、スポーティーな外観を備え、各種装備を充実させた上でお買い得な価格設定とした特別仕様車。新タイプのアルミスペアタイヤハウジングはスペアタイヤハウジングとしては世界で初めて、軽量で強度・耐蝕性に優れた超塑性アルミ合金を使用している。価格は「フィッシングマスター」と同じ。

1998年1月、ジムニーの乗用車種に追加設定され発売された「ランドベンチャー」「XLリミテッド」。「ランドベンチャー」はK6A型DOHCエンジンのXCタイプをベースに、いくつかの機能を標準装備し、特別仕様車「ワイルドウインド」より6.9万円安い価格設定であった。「XLリミテッド」はF6A型SOHCエンジンのXLにスモークガラス（クォーターウインドーとバックドア）、UVカットガラス（サイドドア）、専用表皮デザインのシートなどの仕様変更を加え、価格を8万円引き下げている。

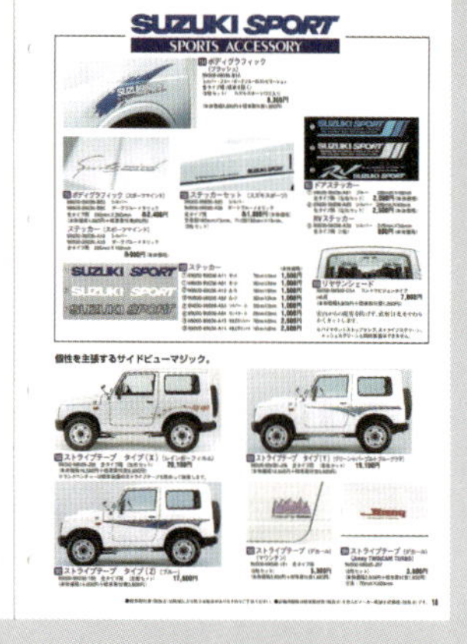

1998年5月に発行されたJA12型／JA22型用アクセサリーカタログの一部分。

● JB31型1300 SIERRA（1993年5月〜1995年10月）●

1993年5月、ワイドトレッド化したシャシーに1.3Lエンジンを積んで登場した「ジムニー1300シエラ（JB31型）」のカタログ。エンジンはG13B型1298cc直列4気筒SOHC EPI 70ps/10.4kg-m（ネット）+5速MTを積む。トレッドは従来のジムニー1300より90mm拡大され「SAMURAI」と同じ前／後：1300／1310mm。ワイドトレッド化にともない、ワイドフェンダー、ワイドタイヤ（205/70R15 95Q）を装着し、クロームメッキホイールの足回りや大型フォグランプ、フロントグリルガード、アルミ製サイドステップなどの装備で、オフロード4WDとしてのワイルドな雰囲気を演出している。価格は137.8万円。ちなみに、シエラ（SIERRA）とは、英語で「連峰、山脈」を意味し、自然を連想させるその語源と上質なイメージを与える語感により、サブネームとして採用されたという。

1993年11月、女性やファミリー層など幅広いユーザーをターゲットに、電子制御式3速ATを搭載したジムニー1300シエラが追加設定された。価格は5速MT車より10.7万円高の148.5万円。

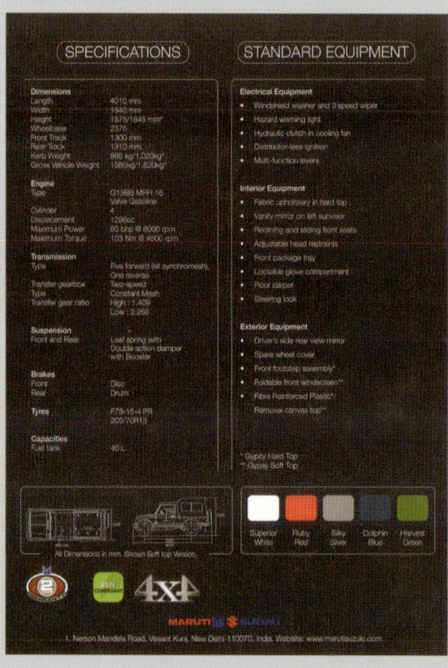

インドのマルチスズキから発行された「ジプシー（Gypsy）」のカタログ。G13BB型1298cc直列4気筒MPI 16バルブ80bhp/10.5kg-mエンジン+5速MTを積む。FRP製ハードトップとリムーバルキャンバストップが設定されている。

1994年6月、1000台が限定発売された特別限定車「ジムニー1300シエラ エルク」。1300シエラに、エアコン、MOMO製ステアリングホイール、専用フルファブリックシートとドアトリム、マルチルーフキャリア、フォグランプカバー、グリルバーパッド、専用スペアタイヤハウジングなどを装備し、価格は154.8万円（5速MT）、165.5万円（3速AT）。

1995年5月、ジムニー1300シエラに装備を向上した「シェラデザインズリミテッド」が追加設定され発売された。エアコン、MOMO製ステアリングホイール、専用フルファブリックシートとドアトリム、アルミルーフキャリア、専用15インチアルミホイール、フォグランプカバー、グリルバーパッド、専用スペアタイヤハウジング、専用ストライプテープを装備し、価格は151.8万円（5速MT）、162.5万円（3速AT）。「シェラデザインズ」は世界的に有名なアウトドア用品のブランド。

● JB32型1300 SIERRA（1995年11月～1997年12月）●

1995年11月、ビッグマイナーチェンジを受けて発売された「ジムニー1300シエラ（JB32-2型）」のカタログ。主な変更点は、前後サスペンションをリーフスプリングから3リンクリジッドアクスル式コイルスプリングに変更して、一層高い走行性能と乗り心地の向上を実現した。外観では、フロントグリル、フロントフード、フロントフェンダー、バンパーのデザイン変更およびバンパーの樹脂化など。価格は132.5万円（5速MT）、143.2万円（3速AT）であった。

JB32型のエンジンはG13B型1298cc直列4気筒SOHC16バルブ EPI 85ps/6000rpm（ネット）、10.8kg-m/3000rpmを積む。弁機構を4バルブ化するとともに、燃料噴射装置のマルチポイント化により、最高出力・最大トルクを向上させながら、燃費の向上も果たしている。また、最大トルクの発生回転数も下げ、低速・中速域での運転のしやすさも向上した。センタートランスファーにはサイレントチェーンを採用して振動と騒音を低減している。

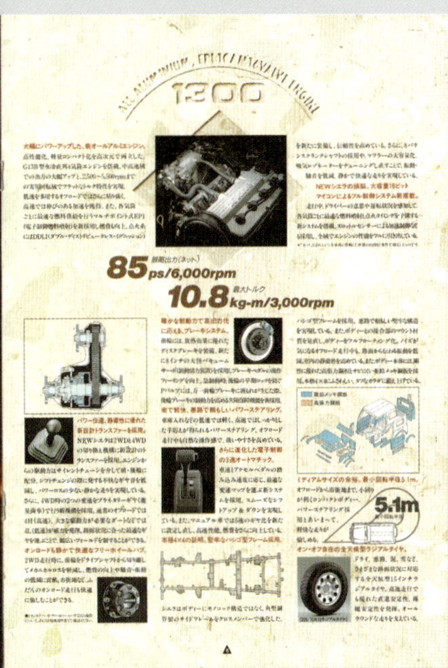

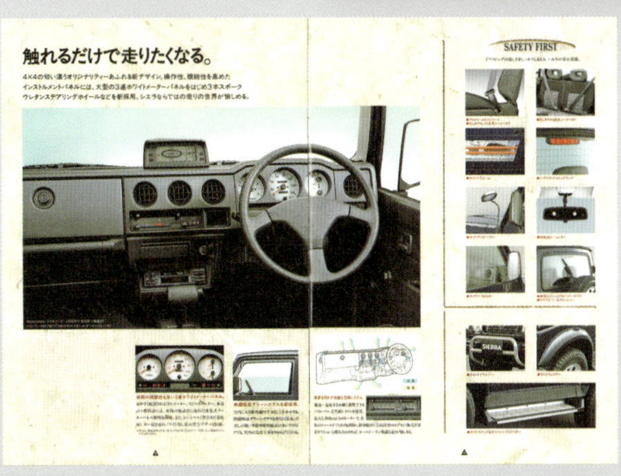

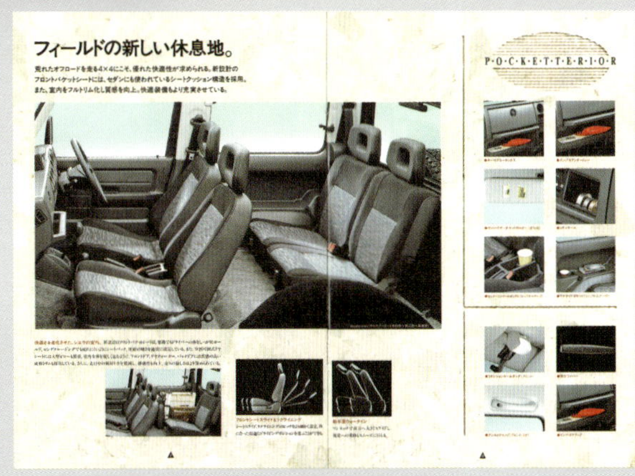

内装では、インストゥルメントパネルのデザイン変更と、夜間の視認性も良い3連ホワイトメーターを採用、コンソールボックスとリアサイドポケット新設、フロントシート形状の変更とシートスライド量増加（+60mm）、室内トリムの変更、室内に入る紫外線の半分以上をカットする、熱線吸収グリーンガラスを新たに採用している。

1995年11月、1300シエラのビッグマイナーチェンジと同時に発売された特別仕様車「エルク」のカタログ。エアコン、AM/FMラジオ付きカセットステレオ、イタルボランテ（italvolanti）製ステアリングホイール、ハロゲンフォグランプ、フォグランプカバー、グリルバーパッド、アルミルーフキャリア、専用15インチアルミホイール、専用スペアタイヤハウジングなどを装備し、価格は146.5万円（5速MT）、157.2万円（3速AT）。

1996年9月、前年に続いて発売された特別仕様車「エルク」。前年のエルクに装着された特別装備に加えて、マルチメーター（方位計・気圧計・高度計）、専用シート表皮、LEDハイマウントストップランプ内蔵のルーフエンドスポイラー、車体色と同色塗装したバンパーなどが装着された。さらに、運転席SRS（Supplemental Restraint System：補助拘束装置）エアバッグと4輪ABSのセット装着車（6万円高）がメーカーオプション車として新たに設定された。価格は前年の「エルク」と同じであった。

1997年5月、マイナーチェンジされて発売された「1300シエラ エルク（JB32-3型）」。走行中でも2WD⇔4WDの切り替えができる新開発の機構「ドライブアクション4×4」を搭載。1995年エルクの装備に加え、UVカットグラス（フロントドア）、スモークガラス（クォーター、バックドア）、シート表皮を変更し、内装の樹脂色を変更して、明るい色調の室内とし、カラードバンパー、バンパーモールを採用している。価格は前年モデルより1万円アップした。運転席SRSエアバッグと4輪ABSのセット装着車は6万円高。

第3世代

● JB23型（1998年10月～2018年6月）●

1998年10月、小型規格車3代目ジムニーワイド発売から9カ月後に発売された軽規格車3代目「ジムニー（JB23-1型）」。「オリジナルであること。あり続けること。」とあるように、ジムニー伝統の個性を引き継ぎながら、新世代のクロスカントリー車を表現した斬新な外観デザイン。ボンネット一体式のフロントグリル、曲面ガラス、プレスドア等を採用している。エンジンはK6A型658cc水冷直列3気筒DOHC12バルブインタークーラーターボ64ps/6500rpm（ネット）、10.8kg-m/3500rpmを積み、トランスミッションは5速MTまたは4速ATが選択できた。サイズは衝突安全基準の変更に伴う、軽自動車の規格変更、全長3300mm⇒3400mm、全幅1400mm⇒1480mmに対応して、それぞれ3395mm、1475mmとしている。タイヤは175/80R1691Q。

全車にエアコンとパワーステアリングが標準装備され、運転席にはランバーサポートを採用、リアシートは大型化、全車にフルトリム、成形天井を採用するなど質感を高めている。XCにはパワーウインドー、パワードアロック、キーレスエントリー、電動リモコンドアミラーなどを新採用している。

グレードは3種類で、5速MT車の価格はXAが99.8万円、XLが119.8万円、XCは131.8万円。4速AT車は9.8万円高。メーカーオプションの運転席・助手席SRSエアバッグ、フロントシートベルトプリテンショナー、4輪ABS装着車は6万円高。全車寒冷地仕様であった。

1998年10月に発行されたジムニーのアクセサリーカタログ。これはほんの一部であり、実に豊富な品ぞろえがされており、選択に際しては楽しみ、そして、悩むであろう。

1999年6月、デザイナーの山本寛斎が外観、内装に手を加え発売された「ジムニーKANSAI」のカタログ。フロントグリルネット、専用スペアタイヤハウジング、専用本革巻きステアリングホイール、ホワイトメーター、専用カーボン調インパネおよびセンターガーニッシュ、専用シート表皮、専用ドアトリムなどを装備。運転席·助手席SRSエアバッグ、フロントシートベルトプリテンショナー、4輪ABSを特別装備している。価格は146.8万円（5速MT）、156.6万円（4速AT）。

1999年10月、マイナーチェンジされ発売された「ジムニー（JB23-2型）」。平成12年排ガス規制に対応するなど排ガスのクリーン化と燃費向上。XAにファブリックシート採用しパワーウインドー追加。XLにステレオ追加しバンパーおよびフェンダーアーチモールを車体色化。前席のシートベルトにフォースリミッター追加。前年10月発売の3代目から採用の軽量衝撃吸収ボディーに「TECT（Total Effective Control Technology）」の名称を冠し、ユーザーに対してスズキの衝突安全性への対応を訴求しはじめた。運転席・助手席SRSエアバッグ、フロントシートベルトプリテンショナー、4輪ABSは全車標準装備となったため、5速MT車の価格はXAが108.2万円、XLが124.3万円、XCは138.7万円。4速AT車は9.8万円高。

2000年3月に発売されたジムニーの2WD車「ジムニーL」。本格クロスカントリータイプならではの力強く機能的なデザインを、ファッションとして街中などで気軽に楽しみたいとするユーザーニーズに対応した新機種。エンジンはK6A型インタークーラーターボで、駆動方式を2WD（後輪駆動）とした上で、専用車体色パールホワイト、スモークガラス、車体色と同色のスペアタイヤハウジング、明るくカジュアルなデザインの専用シート表皮などでファッショナブルな演出をし、エアコン、パワーステアリングなどを標準装備し、価格は5速MT車が114.3万円、4速AT車は124.1万円。

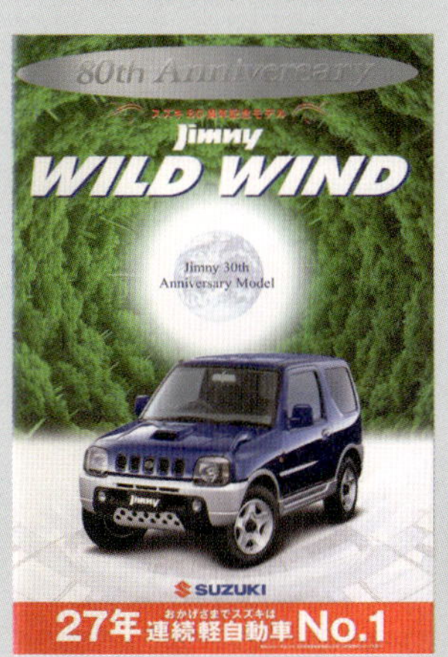

2000年5月、スズキ創立80周年記念に加え、ジムニー発売30周年も記念して発売された「ワイルドウインド（JB23-3型）」。XLグレードをベースに内装・外観を上級仕様としている。専用スペアタイヤハウジング、スキッドプレート、アルミホイールなどを装備し、2DINサイズのMD／CD／カセットステレオ、スモークガラス、専用シート表皮、ホワイトメーターなどを採用。価格は139.8万円（5速MT）、149.6万円（4速AT）。

2000年11月、国際スキー連盟「FIS（Federation Internationale de Ski）」とタイアップして発売された特別仕様車「FISフリースタイルワールドカップリミテッド」。スズキは、冠スポンサーとして世界8カ国で開催された「SUZUKIフリースタイルFISワールドカップ2000/2001」をサポートしており、ウインタースポーツを楽しむ活動的なユーザーをターゲットに発売された。スポーティーな青色の専用ファブリックシート表皮＆ドアトリム、本革巻きステアリングホイール、トレー形状の専用フロアマット、アルミホイール、フォグランプ、ルーフレールなどを装備する。価格は142.5万円（5速MT）、152.3万円（4速AT）。

2001年2月に発売された、車体高を下げ乗降性を向上させた特装車「ジムニーJ2」。エンジンはK6A型インタークーラーターボで、駆動方式は2WD（後輪駆動）。専用のエンジンフード、フォグランプ内蔵のフロントバンパー、メッシュタイプのフロントグリル、ロゴマーク入りスペアタイヤハウジング、15インチホワイトホイール（スチール製）などを装備し、シックな柄の専用シート表皮およびドアトリムクロスを採用。15インチタイヤの採用などによって、車体高を4WD車に対して35mm低くして乗降性を良くしている。架装は株式会社ベルアートが担当し、価格は5速MT車121万円、4速AT車130.8万円。

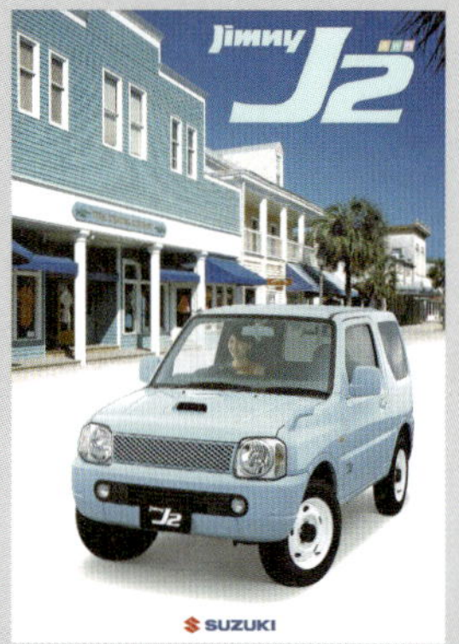

2001年5月、発売された特別仕様車「ランドベンチャー」。前後バンパーとサイドアンダーガーニッシュ、フェンダーアーチモールを専用塗装し、2トーン塗装風の外観としたほか、上級仕様のステレオや、革巻きステアリングホイールなど、上級装備を採用した特別仕様車。価格は5速MT車142.5万円、4速AT車152.3万円。

2002年1月、マイナーチェンジされ発売された「ジムニー（JB23-4型）」。エンジンフードとフロントグリルを新設計し、フロント部のデザインを一新。インタークーラーの大型化、インテークマニフォールドの形状変更により、低速時のトルク感を高めている。キーレスエントリーのアンサーバック機構にハザードランプ点灯式を採用、外部からの視認性を向上させている。グレードは2種類に絞られ、5速MT車の価格はXGが120万円、XCが140.2万円。4速AT車は9.8万円高。

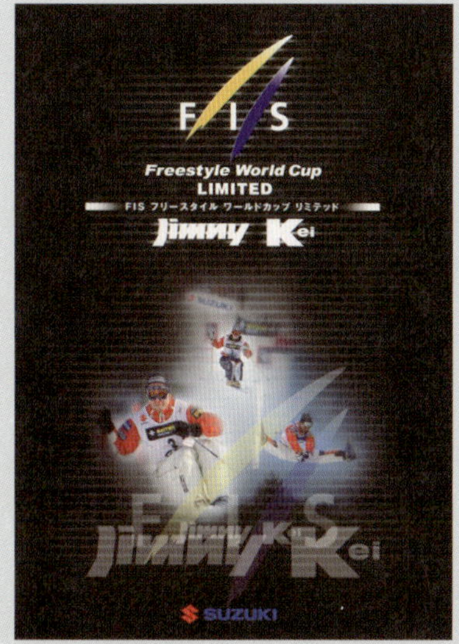

2002年1月、国際スキー連盟「FIS」とタイアップして発売された特別仕様車「FISフリースタイルワールドカップリミテッド」。2000年11月に続く第2弾で、撥水処理をした専用ファブリックシート&ドアトリム表皮、メーターとインストゥルメントパネルガーニッシュをシルバー色に、運転席にシートヒーターを装備するなど、特別感の高いスペックとしている。価格は5速MT車144.5万円、4速AT車154.3万円。

2002年5月に発売された特別仕様車「ワイルドウインド」。専用フロントグリル&バンパーガーニッシュを装着。専用塗色ブルーイッシュブラックパール3とパールホワイト2を設定。専用カラーのアルミホイールを装着。電動格納&曇り止め用ヒーター機能付きドアミラー採用。内装色をスポーティーな印象のガンメタリック色で統一。メーターパネル盤面を専用のシルバー色に。運転席にシートヒーターを装備するなど、上級仕様の装備を持つ。価格は5速MT車140万円、4速AT車149.8万円。

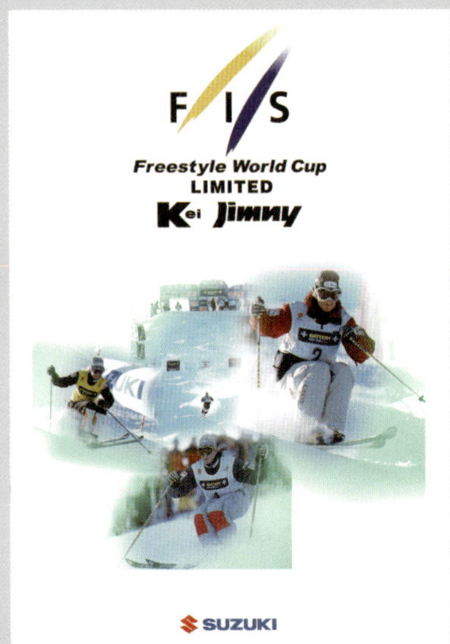

2002年11月、国際スキー連盟「FIS」とタイアップして発売された特別仕様車の第3弾「FISフリースタイルワールドカップリミテッド」。専用のドレスアップパーツやフォグランプ、アルミホイールなどを採用。内装も専用の青基調色に統一。撥水処理をした専用シート＆ドアトリム表皮などを採用。価格は5速MT車140万円、4速AT車149.8万円。

2003年5月に発売された特別仕様車「ランドベンチャー」。上級仕様の4WD車を求める男性ユーザーをターゲットに発売されたモデルで、本革とファブリック生地を組み合わせた専用のシート表皮を、ドアトリムには専用のクロス表皮を採用し、黒色基調の落ち着いたデザインとしている。外観では、専用デザインのフロントグリル（車体色同色）を採用、車体の前と横に、4WD車のイメージを高めるアンダーガーニッシュを装着するなど多くの装備が採用されている。価格は5速MT車140万円、4速AT車149.8万円。

2003年11月、国際スキー連盟「FIS」とタイアップして発売された特別仕様車の第4弾「FISフリースタイルワールドカップリミテッド」。ウインタースポーツに便利な機能が装備された特別仕様車で、金属調塗装を施した専用デザインのフロントグリル、車体の前と横に、4WD車のイメージを高めるアンダーガーニッシュなどを装着。価格は5速MT車142万円、4速AT車151.8万円。

2004年5月、前年に引き続き、上級仕様の4WD車を求める男性ユーザーをターゲットに発売された特別仕様車「ランドベンチャー」。専用デザインのフロントグリル採用、前と横にアンダーガーニッシュ装着、車体下部をクールベージュメタリック色に塗装した2トーンカラーを採用。専用の前席本革シート表皮（一部ファブリック）、後席ファブリック表皮を採用など。価格は5速MT車142万円、4速AT車151.8万円。

2004年10月、マイナーチェンジされ発売された「ジムニー（JB23-5型）」。黒色のフロントグリルを採用するなどフロント部のデザインを変更し、精悍さを高め、XCに新デザインのアルミホイールを採用。インストゥルメントパネルの形状を一新。2WD⇔4WDの切り替えがインストゥルメントパネル内のスイッチ操作で行える「ドライブアクション4×4」を搭載。AT車にゲート式シフトを採用。シート表皮の材質とデザインを変更し、前席は形状を変更し快適性を高めている。5速MT車の価格はXGが120万円、XCは140.2万円で変更ないが、4速AT車は10.3万円高となった。エンジンはK6A型658cc水冷直列3気筒DOHC12バルブインタークーラーターボ64ps/10.5kg-m（ネット）だが、この時点で最大トルクのカタログ値が10.8kg-m⇒10.5kg-mになっている。

2005年5月、前年に引き続き、上級仕様の4WD車を求める男性ユーザーをターゲットに発売された特別仕様車「ランドベンチャー」。専用車体色を4色設定、一部を車体色とした専用フロントグリルを採用。運転席・助手席にシートヒーターを採用するなど上級仕様の装備を持つ。価格は5速MT車145.2万円、4速AT車155.5万円。

2005年11月、マイナーチェンジされて発売された「ジムニー（JB23-6型）」。主な変更点はヘッドランプレベライザー追加、ドアミラーのデザイン変更など。5速MT車の価格はXGが120万円、XCが140.2万円。4速AT車は10.3万円高。

2006年6月に発売された特別仕様車「ランドベンチャー」。専用に設定された2トーンのボディーカラーと、落ち着いたブラウンの本革シート（前席のみ。一部革調表皮とファブリック）を採用し、市街地の走行からオフロードの走行まで、ドライブを快適なものにしながらも、大自然に映える上質な個性を持たせた特別仕様車。車体色と同色のフロントグリルを採用。価格は5速MT車145.2万円、4速AT車155.5万円。

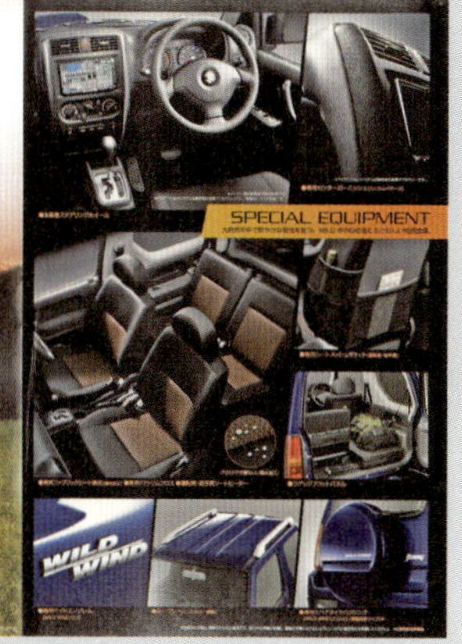

2006年11月に発売された特別仕様車「ワイルドウインド」。より積極的にアウトドアライフを楽しむユーザーをターゲットとして、本革巻きステアリングホイールや、撥水加工を施したシートなど、機能的な装備を採用したモデル。価格は5速MT車138.2万円、4速AT車148.5万円。

2007年6月に発売された特別仕様車「ランドベンチャー」。オフロードでの高い走破性を訴求するジムニーシリーズに、本革を使用した専用シートや、本革巻きステアリングホイールなどの上質な装備を採用したスタイリッシュなモデル。車体色と同色の専用フロントグリルを採用するなど、エクステリアの質感を高めている。価格は5速MT車142.2万円、4速AT車152.5万円。

2007年11月、アルカンターラ®を使用したシート表皮や、黒木目調の専用センターガーニッシュを採用するとともに、エクステリアの質感を高める専用フロントグリルを採用した特別仕様車「ワイルドウインド」が発売された。価格は5速MT車140.5万円、4速AT車150.8万円。

2008年6月、マイナーチェンジ（エンジンのシリンダーヘッドを改良し、加速感と扱いやすさを向上）されて発売された「ジムニー（JB23-7型）」と同時に発売された特別仕様車「ランドベンチャー」。専用に設定した2トーンの車体色や、専用本革&ファブリックシートなどの採用による、精悍な印象のエクステリアと上質なインテリアを特徴としたモデル。価格は5速MT車143.7万円、4速AT車154万円。

2008年11月に発売された特別仕様車「ワイルドウインド」。精悍な印象の専用フロントメッキグリルに加えて、防水機能を持つ人工皮革「ネオソフィールクオーレ®」を使用した、黒地に鮮やかな赤色のアクセントが入った専用シートや、シートと色調を合わせた専用フロアマットなど、シックな印象の内装を採用。その他、アウトドアライフで快適に使える機能や装備を多数採用したモデル。価格は5速MT車143.7万円、4速AT車154万円。

2009年6月、アウトドアシーンから街乗りまで快適に使える装備を多数採用して発売された特別仕様車「ランドベンチャー」。専用デザインのアルミホイールに加え、精悍な印象の専用フロントメッキグリルなど、存在感あふれる外観とし、内装には優れた防水性・透湿性をあわせ持つ「セルクロス®」を使用した専用シートや、専用フロアマットなど機能的な特別装備を採用したモデル。価格は5速MT車143.7万円、4速AT車154万円。

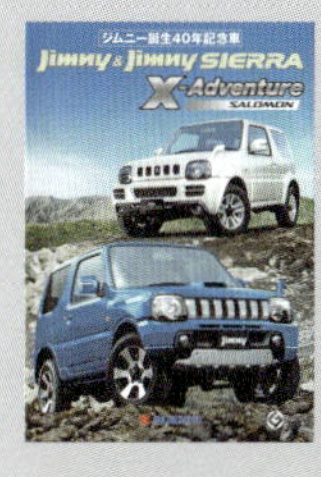

2010年4月、ジムニーの誕生40年を記念して発売された記念車「クロスアドベンチャー XC」。外装に専用のフロントメッキグリル、専用アルミホイール（鏡面仕上げ）などを採用。内装には汚れをふき取りやすいシート表皮「ネオソフィールクオーレ®」を採用。その他、誕生40年記念モデルにふさわしい仕様となっている。価格は5速MT車145.2万円、4速AT車155.5万円。同時に装備を簡素化して機能性を追求した「クロスアドベンチャー XA」が109.5万円（5速MTのみ）で600台限定発売された。
「X-Adventure」とは、スポーツブランド「ソロモン社」がヨーロッパを中心に開催している過酷なアドベンチャーレースで、大自然を舞台にマウンテンバイク、カヌーなど複数の競技で数日間かけて行われる。

2012年5月、マイナーチェンジされて発売された「ジムニー（JB23-9型）」。主な変更点は、衝突時の歩行者頭部への衝撃を緩和するためエンジンフードの高さや構造を変更したほか、後席シートにISOFIX対応のチャイルドシート固定用アンカーを採用するなど、一部仕様変更を実施している。価格は変更なく、5速MT車のXGが120万円、XCが140.2万円。4速AT車は10.3万円高。

2012年5月に発売された特別仕様車「クロスアドベンチャー」。外観は、専用デザインのアルミホイールに加え、専用フロントメッキグリルやLEDリングイルミネーション付きフォグランプなどを採用して、力強く、存在感あふれるデザインとしている。内装には、黒地に鮮やかな赤色が映える前席シートを採用し、前席の背もたれおよび座面に撥水・透湿・消臭機能をあわせ持つシート表皮「カプロンソフト®」を使用している。価格は5速MT車145.2万円、4速AT車155.5万円。

2012年7月に発行されたジムニーのアクセサリーカタログの一部。豊富な品ぞろえがされており、ユーザーはカスタマイズを楽しむことができるであろう。

2014年8月、3代目ジムニー最後のマイナーチェンジを受けて発売された「ジムニー（JB23-10型）」。メーターユニット、ステアリングホイール、シート表皮などが新しいデザインに変更された。価格は変更なく、5速MT車のXGが120万円、XCが140.2万円。4速AT車は10.3万円高。

鮮烈なイメージを新たに身につけたジムニー。
まだ見ぬその先へ、走る歓びはさらに加速していく。
ジムニー ランドベンチャー新登場
主な特別装備(エクステリア) ジムニー ランドベンチャー(ベース車:ジムニー XG)
Body Color
1,580,040円
1,691,280円
主な特別装備(インテリア) ジムニー&ジムニーシエラ ランドベンチャー
QUOLE MODURE

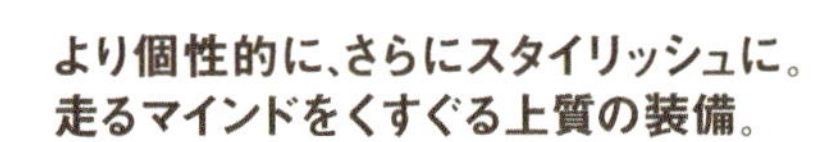

より個性的に、さらにスタイリッシュに。
走るマインドをくすぐる上質の装備。

2014年8月、マイナーチェンジと同時に発売された特別仕様車「ランドベンチャー」。外観は、ブラック塗装を施した専用メッキフロントグリル、専用フェンダーガーニッシュ、専用ブラックメッキフロントバンパーアンダーガーニッシュを採用。内装は、黒を基調として随所にシャンパンゴールドの加飾を施して上質感を演出している。フロントシートの背もたれと座面に、撥水機能に加え夏は熱くなりにくく、冬は冷たく感じにくい素材「クオーレモジュレ®」を採用し、快適性と機能性を両立させている。さらに、シルバーステッチを施した本革巻きステアリングホイールと本革巻きシフトノブ、色調を合わせた専用フロアマットなど、質感を高める特別装備が採用されている。価格は5速MT車146.3万円、4速AT車156.6万円。

スズキの回答5
小型クロスカントリー4×4の新しい流れ。
ジムニーワイド。
大地はもちろん、都市にもしっくりなじむクロスカントリー4×4はできないのだろうか
スズキはそうしたコンセプトの基、ここに新しい流れを拓きました。曲面を生かした流麗なエクステリア、
卓越したクロスカントリー性能、そしてオンロードの操縦安定性。
社会に溶け込む知的なタフネスをもつジムニーワイド（参考出品車）。乗る人のさまざまな感性に共鳴します
There is a constant demand for a cross country 4x4 that fits both the country and town. Suzuki has come up with a beautiful answer to it with JIMNY WIDE. It has a streamlined exterior, outstanding cross country performances and a remarkable maneuvering stability on road. This will fit to various lifestyles of a driver.
(Jimny is the name for domestic market only.)
Jimny WIDE
（参考出品車 Reference Vehicle）
41°
46°

3代目「ジムニーワイド」は、1997年10月、幕張メッセで開催された第32回東京モーターショーに参考出品車として登場した。

1998年1月、発売された「ジムニーワイド（JB33-1型）」のカタログ。全長3550mm、全幅1600mm、ホイールベース2250mmのコンパクトな車体に、全車にエアコン、パワーステアリング、パワーウインドー、パワードアロックなどの快適装備と、新デザインの3本スポークアルミホイール、サイドスプラッシュガードなどを標準装備していた。

「ジムニーワイド」は、ジムニーシリーズの「スモールサイズの四輪駆動車」というコンセプトを継承しながら、「オリジナリティー」と「機能・使い勝手の良さ」「高い品質」を備えたデザインであることなどの点が評価され、1998年10月30日に「1998年グッドデザイン賞」を受賞している。

MECHANISM

望む時に欲しいままに。走りのポテンシャルは高い。

全域で粘り強く扱いやすいオールアルミ製EPI SOHC16バルブエンジン。

脚回りにこだわりがある。強靭な骨格が逞しさを語る。
真のクロカン4×4の証明。前後リジッドアクスル&ラダーフレーム。
NEW 4×4 SUSPENSION

G13B型1.3L SOHC16バルブ85ps/6000rpm、11.3kg-m/4500rpmエンジン＋5速MTまたはロックアップ機構付き4速ATを積み、走行中に2WD⇔4WDの切り替えがワンタッチでできる「ドライブアクション4×4」を装備する。前後サスペンションは先代から実績のある、3リンクリジッドコイルスプリングを採用。モデルバリエーションはJZとJMの2グレードで、5速MTモデルの価格はJZが139.8万円、JMは129.8万円。4速ATモデルは9.8万円高。メーカーオプションとして、運転席・助手席SRSエアバッグ+4輪ABS+フロントシートベルトプリテンショナーのセットが+7万円で用意されていた。なお、ジムニーワイドは全車寒冷地仕様となっていた。

スズキのスポーツアクセサリー7点をセットにして、合計22万1300円をスペシャル価格9万9800円で提供し、それらを装着したモデルを「ジムニーワイド スズキスポーツスペシャル」と名付けた、ディーラー主体の企画であろう。

Jimny
SUZUKI SPORT
SPECIAL
ジムニーワイド スズキスポーツスペシャル
個性を競え。
【主要装備】
【主要諸元】

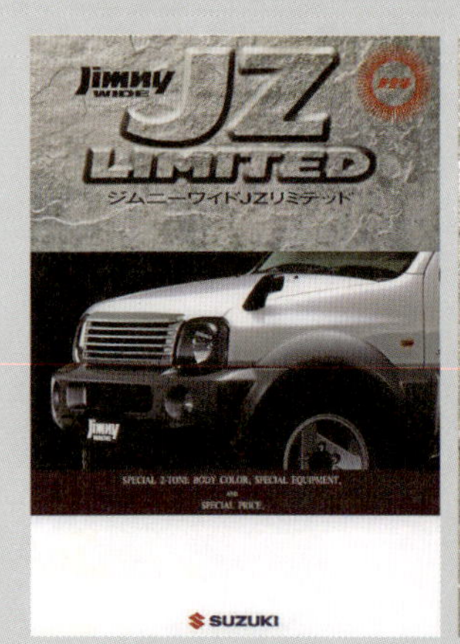

これも前項の「スズキスポーツスペシャル」と同じコンセプトで提供された特別仕様車で、ジムニーワイドJZグレードのAT車149.6万円にアクセサリーパーツ11.74万円分をつけて、合計161.34万円のクルマを特別価格155.6万円で提供しますという試み。このモデル最大の特徴は、純正アクセサリーカタログにも載っていなかった横桟型のフロントメッキグリルであろう。

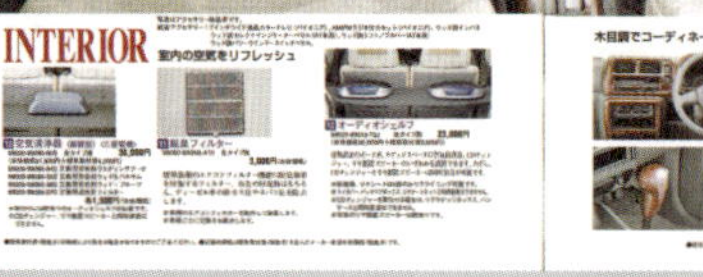

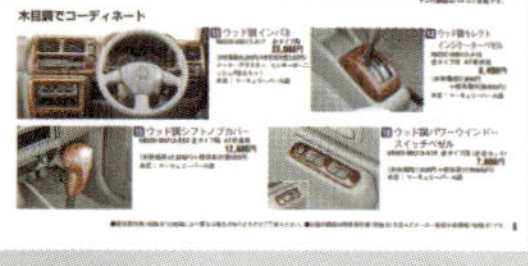

1999年1月に発行されたジムニーワイドのアクセサリーカタログの一部。

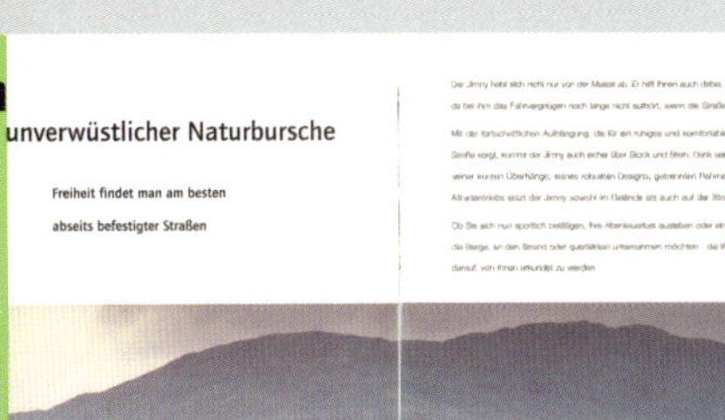

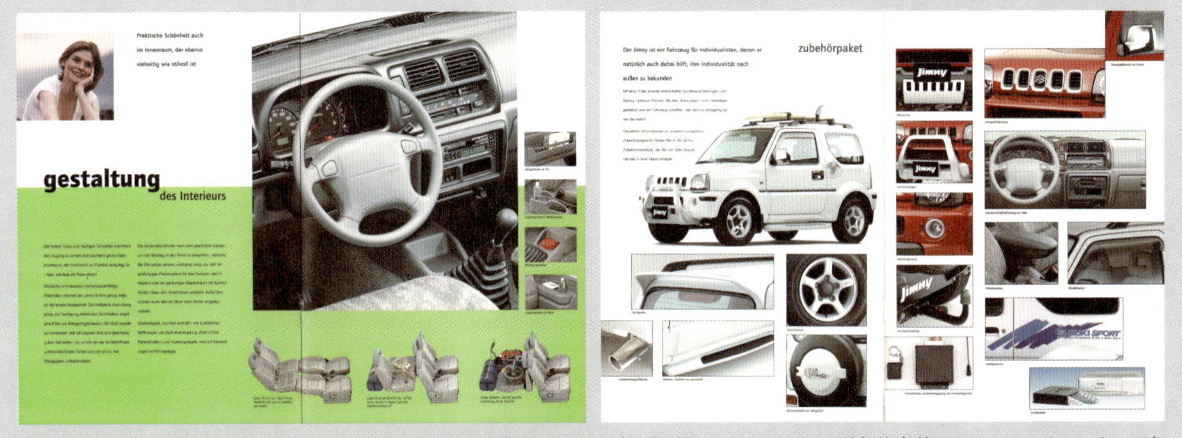

1998年9月、スイスのSuzuki Automobile AGから発行された「JIMNY 1300」の独語版カタログ。G13BB型直列4気筒SOHC16バルブエンジン+5速MTを積む。右側の頁にはアクセサリーが紹介されているが、国内仕様とはひと味違う品揃えとなっている。

1998年9月に開催されたフランスのパリモーターショーで配布されたプレスキットのケースとカタログの一部。エンジンはG13BB型で、4WDの5速MTと4速ATに加えて、5速MTの2WDモデルが設定されていた。

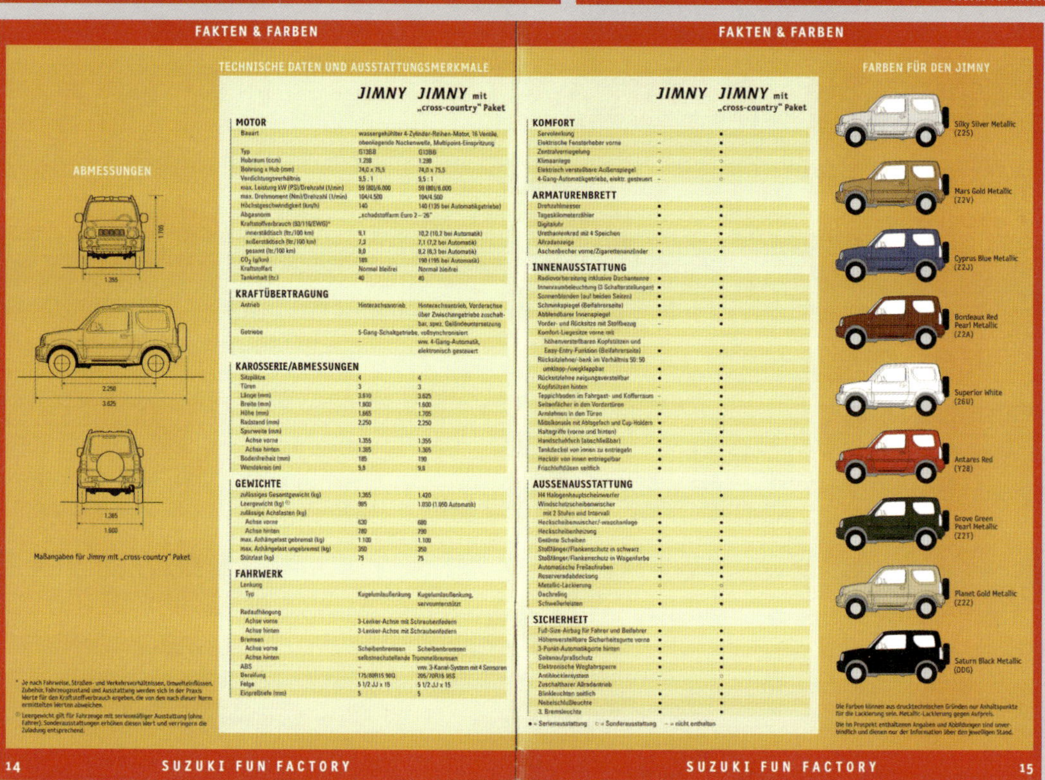

FAKTEN & FARBEN

TECHNISCHE DATEN UND AUSSTATTUNGSMERKMALE

ABMESSUNGEN

Maßangaben für Jimny mit „cross-country" Paket

	JIMNY	JIMNY mit „cross-country" Paket
MOTOR		
Bauart	wassergekühlter 4-Zylinder-Reihen-Motor, 16 Ventile, obenliegende Nockenwelle, Multipoint-Einspritzung	
Typ	G13BB	G13BB
Hubraum (ccm)	1.298	1.298
Bohrung x Hub (mm)	74,0 x 75,5	74,0 x 75,5
Verdichtungsverhältnis	9,5 : 1	9,5 : 1
max. Leistung kW (PS)/Drehzahl (1/min)	59 (80)/6.000	59 (80)/6.000
max. Drehmoment (Nm)/Drehzahl (1/min)	104/4.500	104/4.500
Höchstgeschwindigkeit (km/h)	140	140 (135 bei Automatikgetriebe)
Abgasnorm	„schadstoffarm Euro 2 – 2E"	
Kraftstoffverbrauch (93/116/EWG)*		
innerstädtisch (ltr./100 km)	9,1	10,2 (10,2 bei Automatik)
außerstädtisch (ltr./100 km)	7,3	7,1 (7,2 bei Automatik)
gesamt (ltr./100 km)	8,0	8,2 (8,3 bei Automatik)
CO_2 (g/km)	189	190 (195 bei Automatik)
Kraftstoffart	Normal bleifrei	Normal bleifrei
Tankinhalt (ltr.)	40	40
KRAFTÜBERTRAGUNG		
Antrieb	Hinterachsantrieb	Hinterachsantrieb, Vorderachse über Zwischengetriebe zuschaltbar, spez. Geländeuntersetzung
Getriebe	5-Gang-Schaltgetriebe, vollsynchronisiert	
	–	ww. 4-Gang-Automatik, elektronisch gesteuert
KAROSSERIE/ABMESSUNGEN		
Sitzplätze	4	4
Türen	3	3
Länge (mm)	3.610	3.625
Breite (mm)	1.600	1.600
Höhe (mm)	1.665	1.705
Radstand (mm)	2.250	2.250
Spurweite (mm)		
Achse vorne	1.355	1.355
Achse hinten	1.365	1.365
Bodenfreiheit (mm)	185	190
Wendekreis (m)	9,8	9,8
GEWICHTE		
zulässiges Gesamtgewicht (kg)	1.365	1.420
Leergewicht (kg) [2]	985	1.030 (1.050 Automatik)
zulässige Achslasten (kg)		
Achse vorne	630	680
Achse hinten	780	790
max. Anhängelast gebremst (kg)	1.100	1.100
max. Anhängelast ungebremst (kg)	350	350
Stützlast (kg)	75	75
FAHRWERK		
Lenkung		
Typ	Kugelumlauflenkung	Kugelumlauflenkung, servounterstützt
Radaufhängung		
Achse vorne	3-Lenker-Achse mit Schraubenfedern	
Achse hinten	3-Lenker-Achse mit Schraubenfedern	
Bremsen		
Achse vorne	Scheibenbremsen	Scheibenbremsen
Achse hinten	selbstnachstellende Trommelbremsen	
ABS	–	ww. 3-Kanal-System mit 4 Sensoren
Bereifung	175/80R15 90Q	205/70R15 95S
Felge	5 1/2 JJ x 15	5 1/2 JJ x 15
Einpreßtiefe (mm)	5	5

	JIMNY	JIMNY mit „cross-country" Paket
KOMFORT		
Servolenkung	–	•
Elektrische Fensterheber vorne	–	•
Zentralverriegelung	–	•
Klimaanlage	○	○
Elektrisch verstellbare Außenspiegel	–	•
4-Gang-Automatikgetriebe, elektr. gesteuert	–	○
ARMATURENBRETT		
Drehzahlmesser	•	•
Tageskilometerzähler	•	•
Digitaluhr	–	•
Urethanlenkrad mit 4 Speichen	•	•
Allradanzeige	–	•
Aschenbecher vorne/Zigarettenanzünder	•	•
INNENAUSSTATTUNG		
Radiovorbereitung inklusive Dachantenne	•	•
Innenraumbeleuchtung (3 Schalterstellungen)	•	•
Sonnenblenden (auf beiden Seiten)	•	•
Schminkspiegel (Beifahrerseite)	•	•
Abblendbarer Innenspiegel	•	•
Vorder- und Rücksitze mit Stoffbezug	–	•
Komfort-Liegesitze vorne mit höhenverstellbaren Kopfstützen und Easy-Entry-Funktion (Beifahrerseite)	•	•
Rücksitzlehne/-bank im Verhältnis 50:50 umklapp-/wegklappbar	•	•
Rücksitzlehne neigungsverstellbar	•	•
Kopfstützen hinten	–	•
Teppichboden im Fahrgast- und Kofferraum	–	•
Seitenfächer in den Vordertüren	–	•
Armlehnen in den Türen	•	•
Mittelkonsole mit Ablagefach und Cup-Holdern	•	•
Haltegriffe (vorne und hinten)	•	•
Handschuhfach (abschließbar)	•	•
Tankdeckel von innen zu entriegeln	•	•
Hecktür von innen entriegelbar	•	•
Frischluftdüsen seitlich	•	•
AUSSENAUSSTATTUNG		
H4 Halogenhauptscheinwerfer	•	•
Windschutzscheibenwischer mit 2 Stufen und Intervall	•	•
Heckscheibenwischer/-waschanlage	•	•
Heckscheibenheizung	•	•
Getönte Scheiben	•	•
Stoßfänger/Flankenschutz in schwarz	•	–
Stoßfänger/Flankenschutz in Wagenfarbe	–	•
Automatische Freilaufnaben	–	•
Reserveradabdeckung	•	•
Metallic-Lackierung	○	○
Dachreling	–	•
Schwellerleisten	•	•
SICHERHEIT		
Full-Size-Airbag für Fahrer und Beifahrer	•	•
Höhenverstellbare Sicherheitsgurte vorne	•	•
3-Punkt-Automatikgurte hinten	•	•
Seitenaufprallschutz	•	•
Elektronische Wegfahrsperre	•	•
Antiblockiersystem	–	○
Zuschaltbarer Allradantrieb	–	•
Blinkleuchten seitlich	•	•
Nebelschlußleuchte	•	•
3. Bremsleuchte	•	•

• = Serienausstattung ○ = Sonderausstattung – = nicht enthalten

FARBEN FÜR DEN JIMNY

Silky Silver Metallic (Z2S)
Mars Gold Metallic (Z2V)
Cyprus Blue Metallic (Z2J)
Bordeaux Red Pearl Metallic (Z2A)
Superior White (26U)
Antares Red (Y28)
Grove Green Pearl Metallic (Z2T)
Planet Gold Metallic (Z2Z)
Saturn Black Metallic (D0G)

14 SUZUKI FUN FACTORY SUZUKI FUN FACTORY 15

1999年1月、ドイツのSUZUKI Auto GmbH Deutschland & Co. KGから発行された「Suzuki Jimny」(JB33-1型)のドイツ語版カタログ。エンジンはG13BB型で、モデルは5速MTの2WD(後輪駆動)と「JIMNY with "cross-country" Package」と称する4WD+5速MTと4速ATが設定されている。4WD車にはパワーブレーキ、パワーステアリングが装備され、タイヤは205/70R15 95Sを履く。2WD車のタイヤは175/80R15 90Q。表紙には「ジムニーを体感しよう - 楽しいことすべてを(FEEL JIMNY – ALLES was SPASS macht)」のコピーが掲載されている。

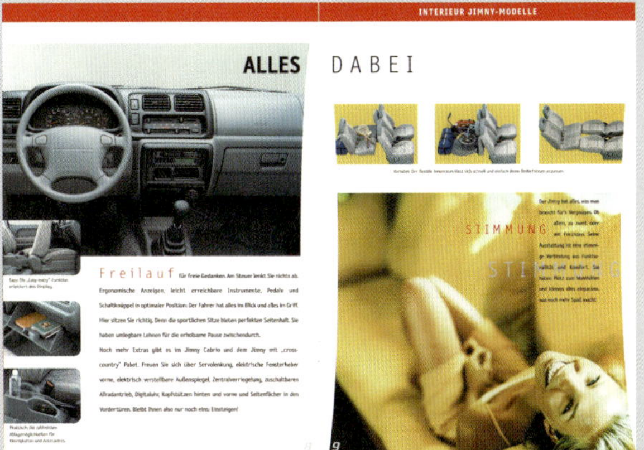

2000年2月、ドイツのSUZUKI Auto GmbH Deutschland & Co. KGから発行された「JIMNY CABRIO & LIMOUSINE」のドイツ語版カタログ。リムジンに加えて、日本国内では販売されなかったオープンモデルの「カブリオ」がラインアップされていた。カブリオはスペインのサンタナモーター社（Santana Motor S.A.）で委託生産されていた。G13BB型1298cc直列4気筒SOHC 16バルブ80psエンジン+5速MTまたは4速ATを積み、最高速度140km/h。リムジンには5速MTの2WD（後輪駆動）と「JIMNY with "cross-country" Package」と称する4WD+5速MTと4速ATが設定されている。

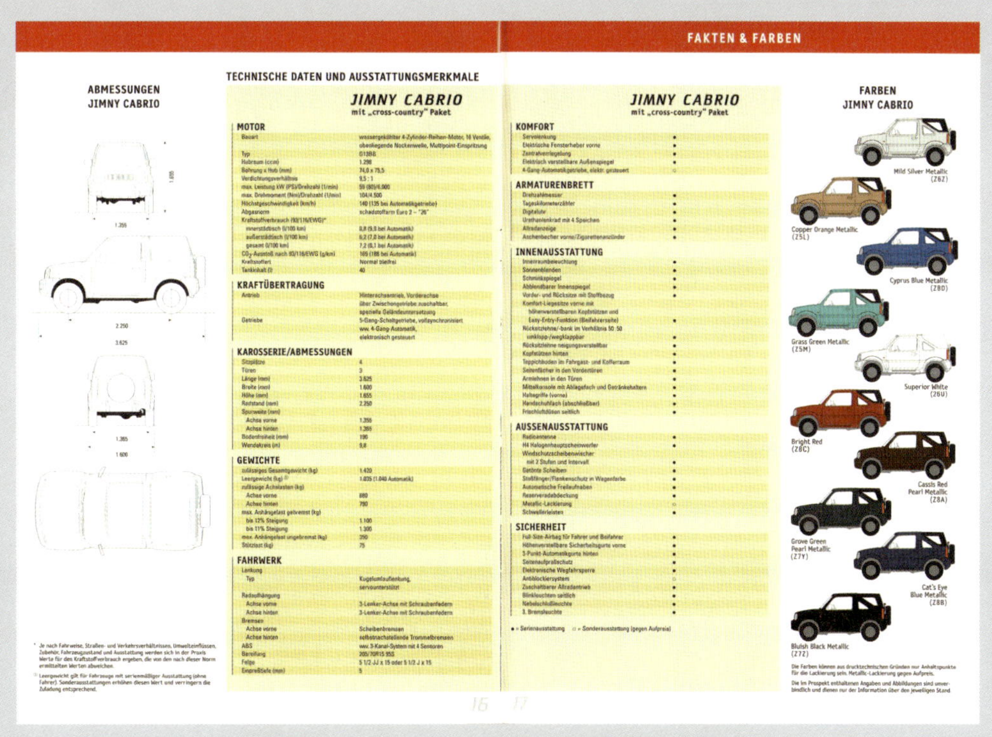
FAKTEN & FARBEN

TECHNISCHE DATEN UND AUSSTATTUNGSMERKMALE

ABMESSUNGEN JIMNY CABRIO

	JIMNY CABRIO mit „cross-country" Paket
MOTOR	
Bauart	wassergekühlter 4-Zylinder-Reihen-Motor, 16 Ventile, obenliegende Nockenwelle, Multipoint-Einspritzung
Typ	G13BB
Hubraum (ccm)	1.298
Bohrung x Hub (mm)	74,0 x 75,5
Verdichtungsverhältnis	9,5 : 1
max. Leistung kW (PS)/Drehzahl (1/min)	59 (80)/6.000
max. Drehmoment (Nm)/Drehzahl (1/min)	104/4.500
Höchstgeschwindigkeit (km/h)	140 (135 bei Automatikgetriebe)
Abgasnorm	schadstoffarm Euro 2 – "26"
Kraftstoffverbrauch (93/116/EWG)*	
innerstädtisch (l/100 km)	8,8 (9,5 bei Automatik)
außerstädtisch (l/100 km)	6,2 (7,0 bei Automatik)
gesamt (l/100 km)	7,2 (8,1 bei Automatik)
CO_2-Ausstoß nach 93/116/EWG (g/km)	169 (188 bei Automatik)
Kraftstoffart	Normal bleifrei
Tankinhalt (l)	40
KRAFTÜBERTRAGUNG	
Antrieb	Hinterachsantrieb, Vorderachse über Zwischengetriebe zuschaltbar, spezielle Geländeuntersetzung
Getriebe	5-Gang-Schaltgetriebe, vollsynchronisiert ww. 4-Gang-Automatik, elektronisch gesteuert
KAROSSERIE/ABMESSUNGEN	
Sitzplätze	4
Türen	3
Länge (mm)	3.625
Breite (mm)	1.600
Höhe (mm)	1.655
Radstand (mm)	2.250
Spurweite (mm)	
Achse vorne	1.355
Achse hinten	1.365
Bodenfreiheit (mm)	190
Wendekreis (m)	9,8
GEWICHTE	
zulässiges Gesamtgewicht (kg)	1.420
Leergewicht (kg)	1.035 (1.040 Automatik)
zulässige Achslasten (kg)	
Achse vorne	680
Achse hinten	790
max. Anhängelast gebremst (kg)	
bis 12% Steigung	1.100
bis 11% Steigung	1.300
max. Anhängelast ungebremst (kg)	350
Stützlast (kg)	75
FAHRWERK	
Lenkung	
Typ	Kugelumlauflenkung, servounterstützt
Radaufhängung	
Achse vorne	3-Lenker-Achse mit Schraubenfedern
Achse hinten	3-Lenker-Achse mit Schraubenfedern
Bremsen	
Achse vorne	Scheibenbremsen
Achse hinten	selbstnachstellende Trommelbremsen
ABS	ww. 3-Kanal-System mit 4 Sensoren
Bereifung	205/70R15 95S
Felge	5 1/2 JJ x 15 oder 5 1/2 J x 15
Einpreßtiefe (mm)	5

	JIMNY CABRIO mit „cross-country" Paket
KOMFORT	
Servolenkung	●
Elektrische Fensterheber vorne	●
Zentralverriegelung	●
Elektrisch verstellbare Außenspiegel	●
4-Gang-Automatikgetriebe, elektr. gesteuert	○
ARMATURENBRETT	
Drehzahlmesser	●
Tageskilometerzähler	●
Digitaluhr	●
Urethanlenkrad mit 4 Speichen	●
Allradanzeige	●
Aschenbecher vorne/Zigarettenanzünder	●
INNENAUSSTATTUNG	
Innenraumbeleuchtung	●
Sonnenblenden	●
Schminkspiegel	●
Abblendbarer Innenspiegel	●
Vorder- und Rücksitze mit Stoffbezug	●
Komfort-Liegesitze vorne mit höhenverstellbaren Kopfstützen und Easy-Entry-Funktion (Beifahrerseite)	●
Rücksitzlehne/-bank im Verhältnis 50:50 umklapp-/wegklappbar	●
Rücksitzlehne neigungsverstellbar	●
Kopfstützen hinten	●
Teppichboden im Fahrgast- und Kofferraum	●
Seitenfächer in den Vordertüren	●
Armlehnen in den Türen	●
Mittelkonsole mit Ablagefach und Getränkehaltern	●
Haltegriffe (vorne)	●
Handschuhfach (abschließbar)	●
Frischluftdüsen seitlich	●
AUSSENAUSSTATTUNG	
Radioantenne	●
H4 Halogenhauptscheinwerfer	●
Windschutzscheibenwischer mit 2 Stufen und Intervall	●
Getönte Scheiben	●
Stoßfänger/Flankenschutz in Wagenfarbe	●
Automatische Freilaufnaben	●
Reserveradabdeckung	●
Metallic-Lackierung	○
Schwellerleisten	●
SICHERHEIT	
Full-Size-Airbag für Fahrer und Beifahrer	●
Höhenverstellbare Sicherheitsgurte vorne	●
3-Punkt-Automatikgurte hinten	●
Seitenaufprallschutz	●
Elektronische Wegfahrsperre	●
Antiblockiersystem	○
Zuschaltbarer Allradantrieb	●
Blinkleuchten seitlich	●
Nebelschlußleuchte	●
3. Bremsleuchte	●

● = Serienausstattung ○ = Sonderausstattung (gegen Aufpreis)

FARBEN JIMNY CABRIO

Mild Silver Metallic
Copper Orange Metallic (Z5L)
Cyprus Blue Metallic
Grass Green Metallic (Z5M)
Superior White
Bright Red (Z8C)
Cassis Red Pearl Metallic
Grove Green Pearl Metallic (Z7Y)
Cat's Eye Blue Metallic
Bluish Black Metallic (Z7Z)

ジムニーカブリオ（JIMNY CABRIO with "cross-country" Package）の主要諸元と主要装備表。

2000年5月にドイツで発行されたジムニーのアクセサリーカタログ。オーディオ機器はグルンディッヒ（Grundig）とフィリップス（Philips）が占めている。

2000年4月、マイナーチェンジされ発売された「ジムニーワイド（JB43-2型）」。JB33-1型からJB43-2型に進化したため、JB43-1型は存在しない。改良点はエンジンを一新し、G13B型⇒M13A型1328cc直列4気筒DOHC16バルブVVT 88ps/6000rpm、12.0kg-m/4000rpm（ネット）に換装したこと。M13A型は運転条件に応じて取り入れる空気の量を加減し、効率よくエンジン能力を発揮するVVT（Variable Valve Timing：可変バルブタイミング）機構を採用、中低速域から高速域まで一層力強く、扱いやすさが向上した。タイミングチェーンに音の静かなタイプを採用、エンジンヘッドカバーの共鳴を低減するなど、徹底して騒音と振動を抑え静粛性に優れたエンジンとなった。さらに、低排出ガス車認定制度に基づく平成12年基準排出ガス25%低減レベルを達成し、環境にも配慮している。
安全面では、国内安全基準はもちろん、新欧州安全基準に基づく社内テストをクリアし、高度な衝突安全性を実現した「軽量衝撃吸収ボディーTECT（Total Effective Control Technology）」を採用。運転席と助手席に、SRSエアバッグ、シートベルトプリテンショナー、シートベルトフォースリミッターを全車に標準装備。リアシートベルトにチャイルドシート固定機構を、5速MT車にはクラッチを踏まないとエンジンがかからないクラッチスタートシステムを採用。また、全車にABSを標準装備している。
前後バンパー、オーバーフェンダー、サイドスプラッシュガードをシルバーメタリックとしたツートンカラーも採用された。1車種のみの設定で、価格は5速MT車が150.5万円、4速AT車は160.3万円。

おでこに“ボウタイ”のエンブレムを付けた「Chevrolet Jimny」のスペイン語版カタログ。シボレーブランドで販売されていたことを証明する貴重な史料。G13B型エンジン+5速MTを積む。

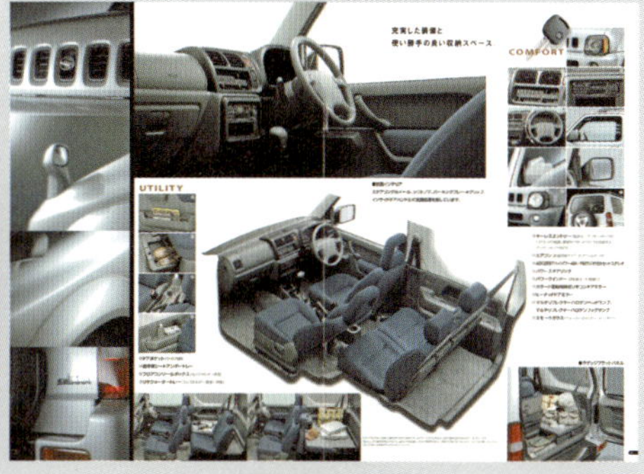

2002年1月、「ジムニーワイド」はマイナーチェンジされ、名称を「ジムニーシエラ（JB43-3型）」に変更して発売された。変更点は、キーレスエントリーのアンサーバック機構にハザードランプ点灯式を採用、リアワイパースイッチを使いやすいマルチユースレバータイプに変更、ドアミラーのデザイン変更と電動格納機能とヒーター機能を追加、シート表皮を落ち着いた色調のものに変更、運転席側のサンバイザーにバニティーミラー追加など。価格は1万円値上げされ、5速MT車が151.5万円、4速AT車は161.3万円であった。

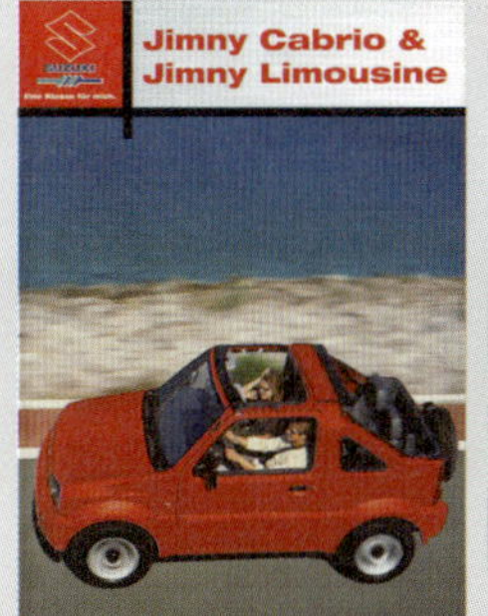

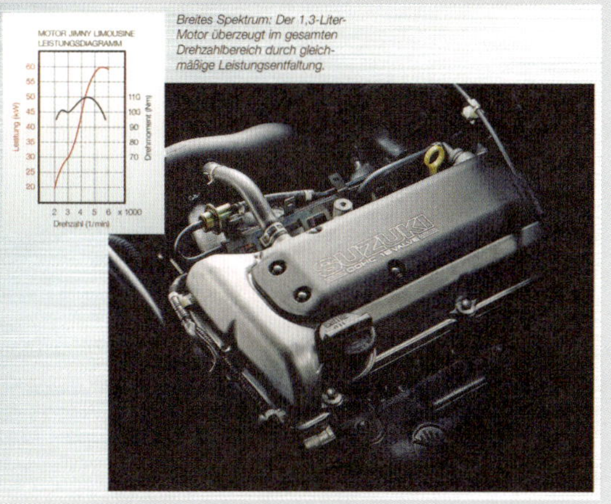

2003年2月、ドイツのSUZUKI Auto GmbH Deutschland & Co. KGから発行された「Jimny Cabrio & Limousine」のドイツ語版カタログ。カブリオのエンジンはG13BB型1298cc直列4気筒SOHC16バルブのままであったが、リムジンにはM13A型1328cc直列4気筒DOHC16バルブ（下段右の写真）が積まれた。なお、2WDモデルはカタログから落とされている。

2004年10月、マイナーチェンジされ発売された「1.3Lジムニーシエラ（JB43-4型）」のカタログ。インストゥルメントパネルの形状を一新。2WD⇔4WDの切り替えがインストゥルメントパネル内のスイッチ操作で行える「ドライブアクション4×4」を搭載。AT車にゲート式シフトを採用。シート表皮の材質とデザインを変更し、前席にはシートヒーターを採用。新デザインのアルミホイールの採用など。価格は5速MT車が151.5万円、4速AT車は161.8万円。

2005年に発行された「ライノ（Rhino：サイ）アクセサリーパッケージ」のオランダ語版カタログ。コピーは「スズキジムニー。冒険の準備ができました！」「'RHINO-STYLE'でさらに楽しく！」とあり、フロントプッシュバー、サイドバー、フォグランプ、スペアタイヤハウジングなどのパッケージ装着車を紹介している。絶滅の危機に瀕しているタンザニアのサイの保全プロジェクトを支援するため、スズキは2004年にスズキ・ライノクラブ財団を設立している。

2005年1月、ベルギーのSuzuki Belgium n.v.から発行された「Jimny」のカタログ。エンジンはM13A型1328cc直列4気筒DOHC16バルブVVTの他に、K9K型1461cc直列4気筒コモンレール直噴ディーゼル48kW（65.3ps）/4000rpm、160Nm（16.3kg-m）/2000rpmが設定されている。最高速度はガソリン車が140km/h、ディーゼル車は130km/h。

2006年1月、同年4月までの期間限定で発売された特別仕様車「1.3Lジムニーシエラ ワイルドウインド（JB43-5型）」。本格的な四輪駆動性能はそのままに、アウトドアライフをより充実したものにするための専用装備を備えたモデルで、シートとドアトリムに撥水加工を施した専用ファブリック表皮、専用フロントトレーマット、ルーフにはベースキャリアなどを採用。価格は5速MT車が157万円、4速AT車は167.3万円。

2006年6月に発売された特別仕様車「1.3Lジムニーシエラ ランドベンチャー（JB43-5型）」。専用に設定された2トーンのボディーカラーと、落ち着いたブラウンの本革シートを採用し、市街地の走行からオフロードの走行まで、ドライブを快適なものにしながらも、大自然に映える上質な個性を持たせたモデル。価格は5速MT車が156.5万円、4速AT車は166.8万円。

2006年11月に発売された特別仕様車「1.3Lジムニーシエラ ワイルドウインド（JB43-5型）」。より積極的にアウトドアライフを楽しむユーザーをターゲットとして、本革巻きステアリングホイールや、撥水加工を施したシートなど、機能的な装備を採用したモデル。外観の特徴は横桟型の専用フロントグリルカバーを装着している。価格は5速MT車が155.5万円、4速AT車は165.8万円。

2007年6月、前年に引き続き発売された特別仕様車「1.3Lジムニーシエラ ランドベンチャー（JB43-5型）」。前席に本革、後席に革調表皮を使用した専用シート、本革巻きステアリングホイールなどを採用。さらに、専用フロントバンパーを装着している。価格は5速MT車が157.5万円、4速AT車は167.8万円。

2007年11月、前年の1月と11月に引き続き発売された特別仕様車「1.3Lジムニーシエラ ワイルドウインド（JB43-5型）」。上質かつ落ち着いた印象のアルカンターラ®を使用したシート表皮や黒木目調の専用センターガーニッシュを採用するとともに、個性的かつ力強い印象の専用フロントバンパーを採用したモデル。価格は5速MT車が155.8万円、4速AT車は166.1万円。

2008年6月、前年の6月に引き続き発売された特別仕様車「1.3Lジムニーシエラ ランドベンチャー（JB43-6型）」。専用に設定した2トーン塗装、専用本革&ファブリックシート、専用フロントバンパーなどを採用し、価格は5速MT車が156.7万円、4速AT車は167万円。

2008年4月、ドイツのSUZUKI INTERNATIONAL EUROPE GMBHから発行された「Suzuki Jimny Cabrio 1.3 “Rock am Ring”」のドイツ語版カタログ。日本では販売されなかったオープンモデルで、M13A型1328cc直列4気筒DOHC16バルブVVT 63kW（86ps）/6000rpm、110Nm（11.2kg-m）/4100rpm エンジン+5速MTを積む。価格は1.7万ユーロ（約270万円）で、1000ユーロの値引きがあったようだ。750台の限定販売であった。ちなみに、「ロック・アム・リング」は毎年6月の第1週の週末3日間、ドイツのニュルブルクリンクで開催されるロックフェスティバル。

2009年1月、ドイツのSUZUKI INTERNATIONAL EUROPE GMBHから発行された「Suzuki Jimny Ranger」のカタログ。エンジンはM13A型1328cc直列4気筒DOHC16バルブVVT 63kW（86ps）/110Nm（11.2kg-m）とK9K型1461cc直列4気筒コモンレール直噴ターボディーゼル63kW（86ps）/3750rpm、200Nm（20.4kg-m）/1750rpmが設定されている。1.3Lガソリン車の0〜100km/h加速が14.1秒、最高速度は140km/h。1.5Lターボディーゼル車はそれぞれ17.0秒、145km/hとある。価格は1.3Lガソリン車が1.55万ユーロ（約186万円）、1.5Lディーゼル車は1.75万ユーロ（約210万円）で、どちらもメーカーの推奨小売価格より550ユーロ安いと記されている。日本円換算は、2009年1月のユーロ対日本円の為替レートを1ユーロ約120円として計算した。余談だが、2008年中ごろには1ユーロが170円近かったのが、急激な円高となっていた。

2008年11月、前年の11月に引き続き発売された特別仕様車「1.3Lジムニーシエラ ワイルドウインド（JB43-6型）」。防水機能を持つ人工皮革「ネオソフィールクオーレ®」を使用した、黒地に鮮やかな赤色のアクセントが映える専用シートや、シートと色調を合わせた専用フロアマットなど、シックな印象の内装を採用したモデル。価格は5速MT車が157.7万円、4速AT車は168万円。

2009年6月、前年の6月に引き続き発売された特別仕様車「1.3Lジムニーシエラランドベンチャー（JB43-6型）」。専用デザインのアルミホイールに加え、防水性･透過性をあわせ持つ「セルクロス®」を使用した専用シートなどを装備する。価格は5速MT車が157.7万円、4速AT車は168万円。

2010年4月に発売されたジムニー誕生40年記念車「1.3Lジムニーシエラ クロスアドベンチャー（JB43-7型）」。専用のアルミホイール、アルミ製スペアタイヤハウジング、汚れをふき取りやすいシート表皮などを採用しており、価格は5速MT車が157.7万円、4速AT車は168万円。

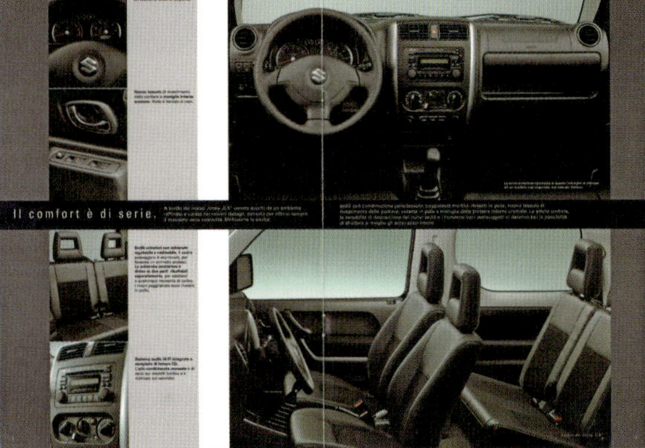

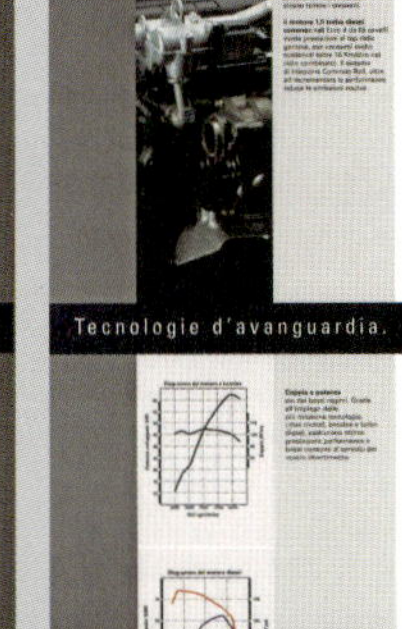

2010年頃、イタリアのSuzuki Italia SpAから発行された「Suzuki Jimny」のカタログ。モデルはベルリーナ（Berlina：セダン）とカブリオレがあり、ベルリーナのエンジンはM13A型1328cc直列4気筒DOHC16バルブVVT 62.5kW（85CV）/110Nm（11.2kg-m）とK9K 266型1461cc直列4気筒コモンレール直噴ターボディーゼル63kW（86CV）/3750rpm、200Nm（20.4kg-m）/1750rpmが設定されており、カブリオレにはM13A型のみの設定であった。トランスミッションは5速MTのみ。

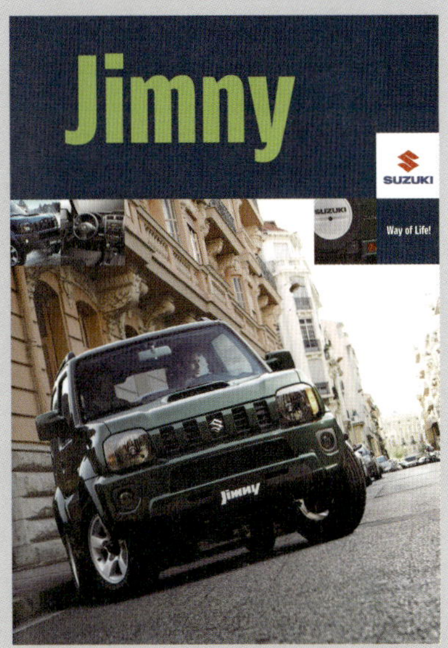

2012年にオランダのインポーターB.V. NIMAGから発行された「Jimny」のカタログ。M13A型1328cc直列4気筒DOHC16バルブVVTエンジン+5速MTまたは4速ATを積む。グレードはJX（カタログの赤いクルマ）とJLXがあり、異なるフロントフェイスを持つ。

2012年5月、マイナーチェンジされて発売された「1.3L ジムニーシエラ（JB43-8型）」。フロント回りのデザインが変更され、衝突時の歩行者安全対策のため、フロントフードの高さや構造が変更された。価格は変更なく、5速MT車が151.5万円、4速AT車は161.8万円。

2012年7月に発行された1.3L ジムニーシエラのアクセサリーカタログの一部、スポーツアクセサリーの頁。

1.3Lジムニーシエラ
クロスアドベンチャー 誕生
大自然を舞台にしたレースへのチャレンジスピリットを宿す。
パワフルな走りが身上の1.3Lジムニーシエラ。
心を高揚させる冒険と比類なき感動が、新たな伝説をつくる。
X-Adventure
1,666,350円
1,774,500円

2012年5月に発売された特別仕様車「1.3Lジムニーシエラ クロスアドベンチャー（JB43-8型）」。専用デザインのアルミホイールに加え、専用フロントメッキグリルやLEDリングイルミネーション付きフォグランプなどを採用。黒地に赤色の映える前席シートを採用、座面と背もたれには撥水・透湿・消臭機能をあわせ持つシート表皮「カブロンソフト®」を使用している。価格は5速MT車が158.7万円、4速AT車は169万円。

すべては快適なクルージングのために。走る歓びをかき立てる充実装備。

2014年8月に3代目ジムニーシエラ最後のマイナーチェンジが実施されてJB43-9型となり発売された。メーターユニット、ステアリングホイール、シート表皮などが新しいデザインに変更され、横滑り防止装置＆トラクションコントロールが装備された。価格は3万円高の5速MT車が154.5万円、4速AT車は164.8万円となっている。

OVER 4 DECADES OF POWER

The original Suzuki 4WDs were powered by a "high performance" 2 stroke/2 cylinder engine with a maximum speed of 50mph. The current model has all the lean muscle you need with a DOCH 1,328 cm³ 4 cylinder engine. This lightweight all-aluminium powerplant is smooth-revving, fuel efficient and produces plenty of torque for the conditions you most often encounter on roads and dirt. Of course the 4WD system is far more sophisticated 40 years on too. Today you can respond to changing weather and road conditions at a moments notice with its drive action 4WD system which switches on the fly between 4WD and 2WD modes. When in 4WD mode, you can switch between 4WD High for fairly flat surfaces and 4WD Low to negotiate off-road slopes. With such a focus on the environment compared to 1970, the current Jimny Sierra, equipped with four speed automatic or 5 speed manual transmission, keeps its environmental footprint small by delivering gains in fuel efficiency and reductions to emissions through electronic multipoint injection and electronically controlled exhaust gas recirculation.

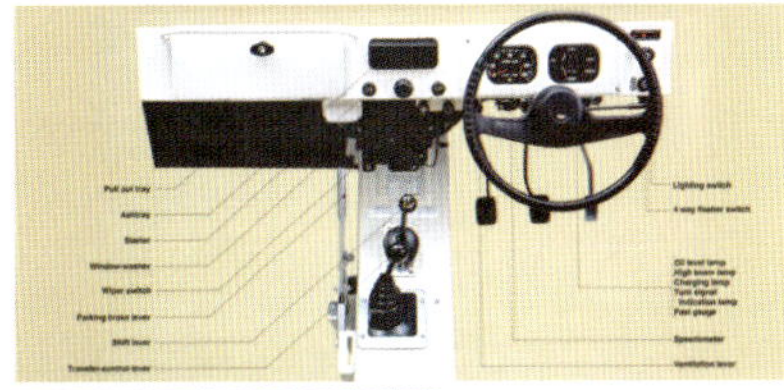

EVERYTHING WITHIN EASY DRIVER REACH...

... STILL IS OVER 40 YEARS LATER.

2012年7月、SUZUKI AUSTRALIAから発行された「Jimny SIERRA」のカタログ。M13A型エンジン+5速MTまたは4速ATを積む。初代のLJ20型と対比させ、コピーには「40年以上にわたるパワー。すべてのものがドライバーの手の届くところにあり……40年以上経っても変わらない。」とある。

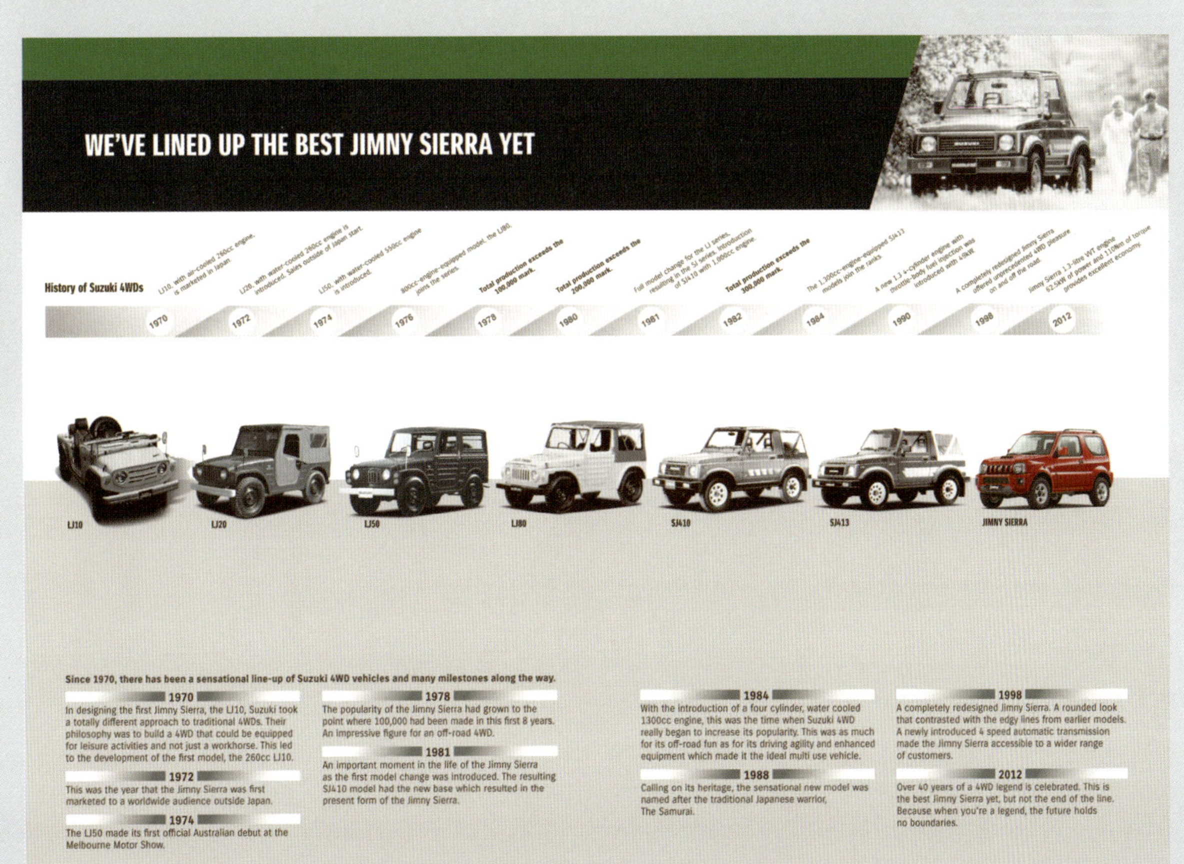

「最高のジムニーシエラをラインアップしました。」のコピーとともに、歴代ジムニーを紹介している。2012年7月にオーストラリアで発行されたカタログから。

1970年～2012年の歴代ジムニーのベストショットを集めた、2012年7月にオーストラリアで発行されたカタログの裏表紙。

2014年10月、オーストラリアで発行された「Jimny SIERRA」のカタログ。M13A型エンジン+5速MTまたは4速ATを積む。フロントフェイスは国内仕様と異なる。

第4世代

● JB64型／JB74型（2018年7月〜）●

4代目ジムニー登場の前年、2017年10月に東京ビッグサイトで開催された第45回東京モーターショーに参考出展されたコンセプトSUV「イー・サバイバー」。サイズは全長3460mm、全幅1645mm、全高1655mm。パワーユニットはモーター（前後デュアルモーターアクスルユニット）であった。このようなオープンモデルのジムニーが市販されたら歓迎されるのではないだろうか。4代目ジムニーの登場を予感させるモデルであった。

2018年7月、20年ぶりにフルモデルチェンジされて発売された4代目軽規格車「ジムニー（JB64型）」。ラダーフレームに、副変速機付きパートタイム4WD、3リンクリジッドアクスル式サスペンションというジムニー伝統の車体構成を継承し、機能を追求した内外装デザイン、取り回ししやすいボディーサイズなど、使い勝手の良さを追求したという。サイズは全長3395mm、全幅1475mm、全高1725mm、ホイールベース2250mm、トレッド前／後1265／1275mm、最低地上高205mm。走破性能を高める電子制御の「ブレーキLSDトラクションコントロール」を全車に標準装備している。

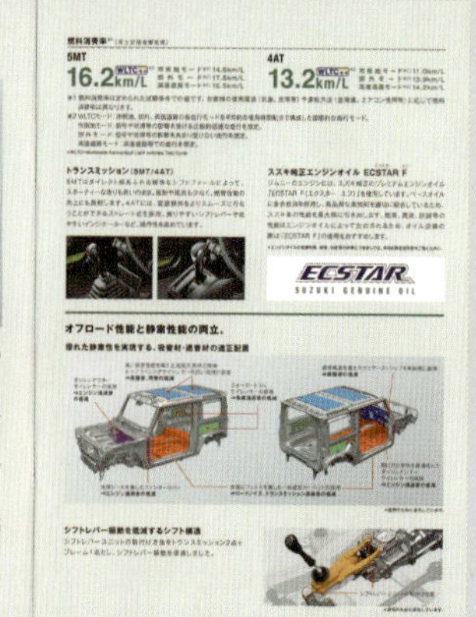

新設計のラダーフレームはXメンバーと前後のクロスメンバーを加えたことで、ねじり剛性を先代モデル比で約1.5倍向上させたとある。エンジンは専用チューニングのR06A型658cc直列3気筒吸気VVTインタークーラーターボ47kW（64ps）/6000rpm、96N·m（9.8kg-m）/3500rpm（ネット）を積む。トランスミッションは5速MTまたは4速ATが選択可能。

グレードは3種類あり、5速MTモデルの価格はXCが161.5万円、XLは146.5万円、XGは135万円。4速ATモデルは9万円高。

2018年7月に発行されたジムニーのアクセサリーカタログの一部。

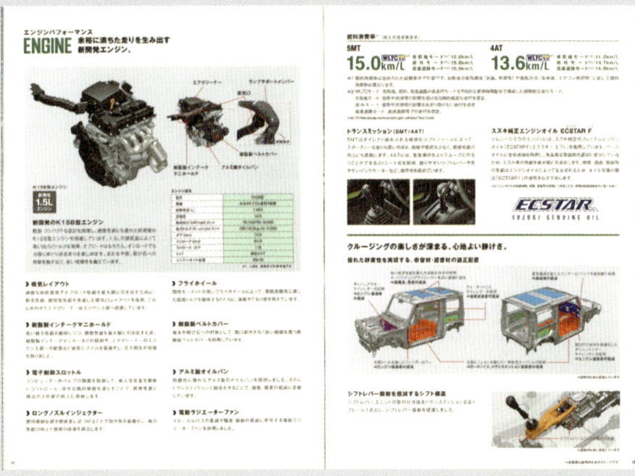

2018年7月、ジムニーと同時にフルモデルチェンジされて発売された小型規格車「ジムニーシエラ（JB74型）」。エンジンは新開発のK15B型1460cc直列4気筒DOHC 16バルブ吸気VVT 75kW（102ps）/6000rpm（ネット）、130 N·m（13.3kg-m）/4000rpmを積む。これに5速MTまたは4速ATが付く。サイズは全長3550mm、全幅1645mm、全高1730mm、ホイールベース2250mm、トレッド前／後1395／1405mm、最低地上高210mm。グレードは2種類あり、5速MTモデルの価格はJCが178万円、JLは163万円。4速ATモデルは9万円高。ジムニーシエラは「GOOD DESIGN AWARD 2018」でグッドデザイン金賞を受賞している。

2018年7月に発行されたジムニーシエラのアクセサリーカタログの一部。

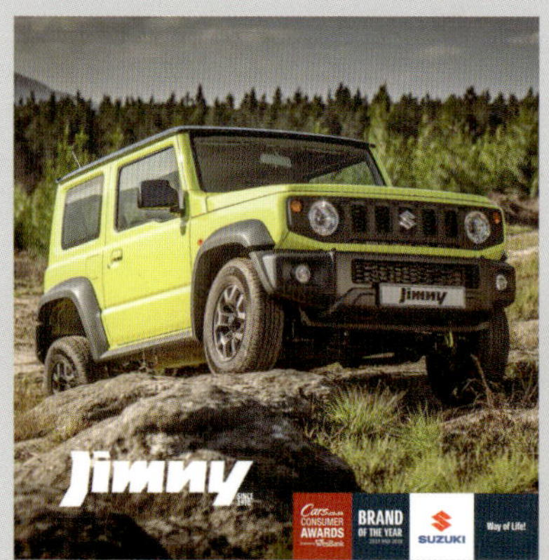

Practical on the outside
The new Jimny's body is built for off-road functionality in every detail.
From the tough square form to the colour variations, there is no compromise inside or out.
PRACTICAL DRIP RAIL
The drip rail will keep you dry when entering and exiting by helping to prevent water from dripping off the roof.
BONNET CORNERS
The flat square bonnet is designed to keep front corners in view for better situational awareness when navigating uneven terrain.
OPTIMISED BUMPERS
Angled bumper edges increase clearance at the wheels for climbing over obstacles. The moulded black material protects the body from rocks and scratches.
LED HEADLAMPS WITH WASHERS
These iconic round headlamps show off the Jimny's heritage. Washers are standard for the LED headlamps on the GLX model, so you can keep going through dust & mud.

FUNCTIONAL ON THE INSIDE
Designed for quick operation, even in harsh conditions, there is little to distract you inside the new Jimny. Materials are durable and easy to clean.
DOWN-TO-EARTH DESIGN
Simple, straightforward and sensible - sounds familiar? Colours are minimal and every detail is crafted to support serious off-roading.
ILLUMINATED METER CLUSTER
The meters are always illuminated for clear viewing whether the sun or the moon is shining.
STEERING SYSTEM
The ball-screw steering system provides sufficient feedback yet minimises kickback, so that you can stay in touch with the terrain. The new Jimny also comes with a steering damper for improved on-road performance.
SMARTPHONE LINKAGE AUDIO DISPLAY
The new Jimny GLX model comes with a 7-inch infrared touchscreen with AM/FM radio, USB socket, Bluetooth connectivity, voice command and an SD card slot. It works with various smartphone applications like Apple CarPlay, Android Auto and Mirrorlink.

海外版のカタログをいくつか紹介する。これは2018年10月に南アフリカのSUZUKI AUTO South Africa（PTY）Ltd.から発行された「Jimny（JB74型）」の英語版カタログ。1.5L（カタログ表記は1462cc）K15B型エンジン+5速MTまたは4速ATを積む。

2018年11月、フィンランドのSUZUKI MOTOR FINLAND OYから発行された「Jimny（JB74型）」のフィンランド語版カタログ。1.5L（カタログ表記は1462cc）K15B型エンジン+5速MTまたは4速ATを積む。

2019年1月にオーストラリアで発行された「Jimny（JB74型）」の英語版カタログ。1.5L K15B型エンジン+5速MTまたは4速ATを積む。

2019年7月、インドネシアのPT. SUZUKI INDOMOBIL SALESから発行された「Jimny（JB74型）」のインドネシア語（一部英語併記）版カタログ。1.5L（カタログ表記は1462cc）K15B型エンジン+5速MTまたは4速ATを積む。

2019年11月、ニュージーランドのSUZUKI NEW ZEALAND LTD. から発行された「Jimny（JB74型）」の英語版カタログ。1.5L（カタログ表記は1462cc）K15B型エンジン+5速MTまたは4速ATを積む。

2019年1月、幕張メッセで開催された東京オートサロン 2019に参考出展された、軽規格の「ジムニー サバイブ」と小型車規格の「ジムニーシエラ ピックアップスタイル」。

スズキジムニー仕様一覧（軽自動車）

世代	第1世代										
モデル	LJ10（空冷360cc）		LJ20（水冷360cc）					SJ10（550cc）			
型式	1型	2型	1型		2型		3型	1型		2型	3型(4型)
ボディー仕様	幌	幌	幌	バン	幌	バン	幌(4人乗り)	幌	バン	幌	メタルドア
発売年月	1970/4	1971/1	1972/5		1973/11		1975/12	1976/5		1977/6	1978/10
全長 mm	2995		2995					3170			
全幅 mm	1295		1295					1295		1395	
全高 mm	1670		1670	1615	1670	1615	1840	1845	1685〈1650〉	1845	
ホイールベース mm	1930		1930					1930			
トレッド(前/後) mm	1090/1100		1100/1110					1190/1200			
最低地上高 mm	235		230	190	230	200	230	240	240〈205〉	240	
車両重量 kg	600		625	660	625	660	625	675	720〈710〉	680	700
乗車定員 名	3		2(3)				4(2)	2(4)	2〈3〉	2(4)	
最大積載量 kg	250+2名		250	200	250	200	250+2名	250+2名	200+2名	250+2名	
エンジン型式	FB型		L50型					LJ50型			
	2サイクル空冷2気筒		2サイクル水冷2気筒					2サイクル水冷3気筒			
ボア×ストローク mm	61.0×61.5		61.0×61.5					61.0×61.5			
総排気量 cc	359		359					539			
最高出力 ps/rpm	25/6000		28/5500				26/5500	26/4500			
最大トルク kg-m/rpm	3.4/5000		3.8/5000				3.8/4500	5.3/3000			
トランスミッション	4速MT(フルシンクロ)		4速MT(フルシンクロ)					4速MT(フルシンクロ)			
1速	3.683		3.967		3.913			3.835			
2速	2.218		2.388		2.302			2.359			
3速	1.477		1.527		1.561			1.534			
4速	1.000		1.000		1.000			1.000			
5速	—		—		—			—			
リバース	3.683		3.967		3.913			4.026			
トランスファー	ギア式		ギア式					ギア式			
高速	1.744		1.714	1.562	1.714	1.562	1.714	1.714			
低速	2.975		3.012	2.571	3.012	2.571	3.012	3.012			
最終減速比	5.667		5.667					4.875			
サスペンション　前	リーフリジッド		リーフリジッド					リーフリジッド			
後	リーフリジッド		リーフリジッド					リーフリジッド			
ステアリング	ボールナット		ボールナット					ボールナット			
最小回転半径 m	4.4		4.4		4.6			4.8		4.9	
ブレーキ　前	ツーリーディング		ツーリーディング					ツーリーディング			
後	リーディングトレーリング		リーディングトレーリング					リーディングトレーリング			
サイドブレーキ	センターブレーキ		センターブレーキ					センターブレーキ			
タイヤ	6.00-16-6PR		6.00-16-4PR	5.60-15-4PR	6.00-16-4PR	5.60-15-4PR	6.00-16-4PR	6.00-16-4PR	6.00-16-4PR〈5.60-15-4PR〉	6.00-16-4PR	
備考					1975/2に4人乗り追加				〈〉内は15inタイヤ装着車		

世代	第2世代				
モデル	SJ30 (550cc)				
型式	1型			2型(3型、4型、5型)	
ボディー仕様	キャンバスドア	フルメタルドア	バン VC	フルメタルドア	バン JC
発売年月	1981/5			1983/7	
全長 mm	3195				
全幅 mm	1395				
全高 mm	1710	1690	1700	1690	1700
ホイールベース mm	2030				
トレッド(前/後) mm	1190/1200				
最低地上高 mm	240				
車両重量 kg	690	720	745	735	760
乗車定員 名	2(4)				
最大積載量 kg	250(150)		200(100)	250(150)	200(100)
エンジン型式	LJ50型				
	2サイクル水冷3気筒				
ボア×ストローク mm	61.0×61.5				
総排気量 cc	539				
最高出力 ps/rpm	28/4500				
最大トルク kg-m/rpm	5.4/2500				
トランスミッション	4速MT(フルシンクロ)				
1速	3.834				
2速	2.358				
3速	1.542				
4速	1.000				
5速	—				
リバース	4.026				
トランスファー	ギア式				
高速	1.741				
低速	3.052				
最終減速比	4.777				
サスペンション 前	リーフリジッド				
後	リーフリジッド				
ステアリング	ボールナット				
最小回転半径 m	4.9				
ブレーキ 前	ツーリーディング			ディスク	
後	リーディングトレーリング				
サイドブレーキ	センターブレーキ				
タイヤ	6.00-16-4PR				
備考	2型でキャンバスドア廃止			セミメタルドア、バンVAの前ブレーキはツーリーディング	

世代					
モデル	JA71 (4サイクル550cc)				
型式	1型(2型)		3型		
ボディー仕様	フルメタルドア	バン JC	フルメタルドア	バン JCU	ハイルーフバン
発売年月	1986/1		1987/11		
全長 mm	3195				
全幅 mm	1395				
全高 mm	1670	1680	1670	1680	1825
ホイールベース mm	2030				
トレッド(前/後) mm	1190/1200				
最低地上高 mm	220				
車両重量 kg	780	810	800	830	840
乗車定員 名	2(4)				
最大積載量 kg	250(150)	200(100)	250(150)	200(100)	
エンジン型式	F5A型(EPIターボ)		F5A型(EPIインタークーラーターボ)		
	4サイクル水冷3気筒				
ボア×ストローク mm	62.0×60.0				
総排気量 cc	543				
最高出力 ps/rpm	42/6000		52/5500(net)		
最大トルク kg-m/rpm	5.9/4000		7.2/4000		
トランスミッション	5速MT(フルシンクロ)				
1速	4.063				
2速	2.361				
3速	1.469				
4速	1.000				
5速	0.877				
リバース	3.809				
トランスファー	ギア式				
高速	1.580				
低速	2.511				
最終減速比	5.375				
サスペンション 前	リーフリジッド				
後	リーフリジッド				
ステアリング	ボールナット				
最小回転半径 m	4.9				
ブレーキ 前	ディスク				
後	リーディングトレーリング				
サイドブレーキ	センターブレーキ		機械式後2輪制動		
タイヤ	175/80R16				
備考			インタークーラー無しのターボバンも設定あり この時点からエンジン出力はnet値		

世代							
モデル	JA11 (660cc)						
型式	1型				2型	3型(4型)	5型
ボディー仕様	フルメタルドア	バン HC	バン HA	ハイルーフバン	全車種	バン(3速AT付)	全車種
発売年月	1990/3				1991/6	1992/7	1995/3
全長 mm	3295						
全幅 mm	1395						
全高 mm	1670	1680	1700	1825	—	1680	—
ホイールベース mm	2030						
トレッド(前/後) mm	1190/1200						
最低地上高 mm	205		225	205	—	205	—
車両重量 kg	820	850		860	—	890	—
乗車定員 名	2(4)						
最大積載量 kg	250(150)	200(100)			—	200(100)	—
エンジン型式	F6A型(EPIインタークーラーターボ)						
	4サイクル水冷3気筒						
ボア×ストローク mm	65.0×66.0						
総排気量 cc	657						
最高出力 ps/rpm	55/5500(net)				58/5500(net)		64/5500(net)
最大トルク kg-m/rpm	8.7/3500				8.8/3500		10.0/3500
トランスミッション	5速MT(フルシンクロ)					3速AT	—
1速	4.063					2.727	—
2速	2.361					1.536	—
3速	1.469					1.000	—
4速	1.000					—	—
5速	0.831					—	—
リバース	3.809					2.222	—
トランスファー	ギア式						
高速	1.580						
低速	2.511						
最終減速比	5.125					4.090	—
サスペンション 前	リーフリジッド						
後	リーフリジッド						
ステアリング	ボールナット						
最小回転半径 m	4.9						
ブレーキ 前	ディスク						
後	リーディングトレーリング						
サイドブレーキ	機械式後2輪制動						
タイヤ	175/80R16 91Q		6.00-16-4PR	175/80R16 91Q			
備考							

世代	第２世代（続き）								第3世代				第4世代	
モデル	JA12 (660cc)				JA22 (660cc)				JB23 (660cc)				JB64 (660cc)	
型式	1型(2型)				1型(2型)				1型(2型、3型、4型)		5型(6〜10型)		1型	
ボディー仕様	ハードトップXS(乗用)		バン HA	幌 CC	ハードトップXC(乗用)		ハイルーフYC(乗用)		XA、XL、XC		XG、XC		XC、XL、XG	
発売年月	1995/11				1995/11				1998/10		2004/10		2018/7	
全長 mm	3295				3295				3395				3395	
全幅 mm	1395				1395				1475				1475	
全高 mm	1680		1700	1670	1680		1825		1680				1725	
ホイールベース mm	2030				2030				2250				2250	
トレッド(前/後) mm	1190/1200				1190/1200				1265/1275				1265/1275	
最低地上高 mm	200		220	200	200				200				205	
車両重量 kg	920	930	890	860	890	900		910	950	960	980	990	1030	1040
乗車定員 名	4		2(4)		4				4				4	
最大積載量 kg	—		200(100)	250(150)	—				—				—	
エンジン型式	F6A型(EPIインタークーラーターボ)				K6A型(EPIインタークーラーターボ)				K6A型(EPIインタークーラーターボ)				R06A型(EPIインタークーラーターボ)	
	4サイクル水冷3気筒SOHC 6バルブ				4サイクル水冷3気筒DOHC 12バルブ				4サイクル水冷3気筒DOHC 12バルブ				水冷3気筒DOHC 12バルブVVT	
ボア×ストローク mm	65.0×66.0				68.0×60.4				68.0×60.4				64.0×68.2	
総排気量 cc	657				658				658				658	
最高出力 ps/rpm	64/6000(net)				64/6500(net)				64/6500(net)				64/6000(net)	
最大トルク kg-m/rpm	10.0/4000				10.5/3500				10.8/3500		10.5/3500		9.8/3500	
トランスミッション	5速MT	3速AT	5速MT		5速MT	3速AT	5速MT	3速AT	5速MT	4速AT	5速MT	4速AT	5速MT	4速AT
1速	3.478	2.727	4.063		3.478	2.727	3.478	2.727	4.031	2.962	5.106	2.875	5.809	2.875
2速	2.021	1.536	2.361		2.021	1.536	2.021	1.536	2.391	1.515	3.017	1.568	3.433	1.568
3速	1.352	1.000	1.469		1.352	1.000	1.352	1.000	1.513	1.000	1.908	1.000	2.171	1.000
4速	1.000	—	1.000		1.000	—	1.000	—	1.000	0.738	1.264	0.696	1.354	0.696
5速	0.790	—	0.831		0.790	—	0.790	—	0.790	—	1.000	—	1.000	—
リバース	3.260	2.222	3.809		3.260	2.222	3.260	2.222	4.173	2.810	5.151	2.300	5.861	2.300
トランスファー	チェーン+遊星歯車				チェーン+遊星歯車				チェーン+遊星歯車		チェーン+ギア式		チェーン+ギア式	
高速	1.320		1.580		1.320				1.320				1.320	
低速	2.123		2.511		2.123				2.145		2.643		2.643	
最終減速比	5.125				5.125				5.375		4.300	5.375	3.818	5.375
サスペンション　前	3リンクコイルリジッド				3リンクコイルリジッド				3リンクコイルリジッド				3リンクコイルリジッド	
後	3リンクコイルリジッド				3リンクコイルリジッド				3リンクコイルリジッド				3リンクコイルリジッド	
ステアリング	ボールナット				ボールナット				ボールナット(2型からPS)				ボールナット(PS)	
最小回転半径 m	4.9				4.9				4.8				4.8	
ブレーキ　前	ディスク				ディスク				ディスク				ディスク	
後	リーディングトレーリング				リーディングトレーリング				リーディングトレーリング				リーディングトレーリング	
サイドブレーキ	機械式後２輪制動				機械式後２輪制動				機械式後２輪制動				機械式後２輪制動	
タイヤ	175/80R16 91Q		6.0-16-4PR	175/80R16 91Q	175/80R16 91Q				175/80R16 91Q				175/80R16 91S	
備考					2型ではハイルーフは廃止された				・モデルXCはルーフレールが付き全高＋35mm、車両重量＋10kg ・2型で電動PS標準装備 ・4型でXG、XCの2グレードに					

スズキジムニー仕様一覧（小型自動車）

世代	第1世代			第2世代												
モデル	SJ20 (800cc)			SJ40 (1000cc)				JA51 (1300cc)					JB31 (1300cc)		JB32 (1300cc)	
型式	1型(2型、3型)		2型(3型)	1型(2型)				1型(2型)				2型	1型		2型(3型)	
ボディー仕様	幌	バン	メタルドア	ハーフメタル	フルメタルドア	バン	ピックアップ	ハーフメタル	フルメタルドア	バン	ワゴン	ハイルーフワゴン	ワゴン	ワゴン(AT)	ワゴン	ワゴン(AT)
発売年月	1977/10		1978/11	1982/8				1984/11				1985/12	1993/5	1993/11追加	1995/11	
全長 mm	3170			3355			3885	3355					3470		3510	
全幅 mm	1395			1465			1425	1465					1545		1545	
全高 mm	1845	1685	1845	1680		1690	1720	1690		1700		1845	1670		1670	
ホイールベース mm	1930			2030			2375	2030					2030		2030	
トレッド(前/後) mm	1190/1200			1210/1220			1190/1200	1210/1220					1300/1310		1300/1310	
最低地上高 mm	240			220			240	215					190		190	
車両重量 kg	715	760	735	805	815	840	835	830	840	860	870	880	970	980	960	
乗車定員 名	2(4)	2(3)	2(4)	2(4)			2	2(4)			4		4		4	
最大積載量 kg	250+2名	200+2名	250+2名	250		200	350	250		200	—		—		—	
エンジン型式	F8A型			F10A型				G13A型					G13B型(EPI)		G13B型(EPI)	
	4サイクル水冷4気筒			4サイクル水冷4気筒				4サイクル水冷4気筒					4サイクル水冷4気筒		水冷4気筒SOHC 16バルブ	
ボア×ストローク mm	62.0×66.0			65.5×72.0				74.0×77.0					74.0×75.5		74.0×75.5	
総排気量 cc	797			970				1324					1298		1298	
最高出力 ps/rpm	41/5500			52/5000				70/5500					70/6000(net)		85/6000(net)	
最大トルク kg-m/rpm	6.1/3500			8.2/3500				10.7/3500					10.4/3500		10.8/3000	
トランスミッション	4速MT(フルシンクロ)			4速MT(フルシンクロ)				5速MT(フルシンクロ)					5速MT	3速AT	5速MT	3速AT
1速	3.835			3.163				3.652					3.652	2.727	3.652	2.727
2速	2.359			1.945				1.947					1.947	1.536	1.947	1.536
3速	1.543			1.421				1.423					1.423	1.000	1.423	1.000
4速	1.000			1.000				1.000					1.000	—	1.000	—
5速	—			—				0.795					0.795	—	0.864	—
リバース	4.026			3.321				3.466					3.466	2.222	3.466	2.222
トランスファー	ギア式			ギア式				ギア式					ギア式		チェーン+遊星歯車	
高速	1.714			1.589				1.409					1.409		1.320	
低速	3.012			2.557				2.268					2.268		2.123	
最終減速比	4.556			4.111				3.909					3.727		3.909	
サスペンション 前	リーフリジッド			リーフリジッド				リーフリジッド					リーフリジッド		3リンクコイルリジッド	
後	リーフリジッド			リーフリジッド				リーフリジッド					リーフリジッド		3リンクコイルリジッド	
ステアリング	ボールナット			ボールナット				ボールナット					ボールナット(PS)		ボールナット(PS)	
最小回転半径 m	4.9			4.9			5.7	4.9					5.1		5.1	
ブレーキ 前	ツーリーディング			ツーリーディング(2型はディスク採用)				ディスク					ディスク		ディスク	
後	リーディングトレーリング			リーディングトレーリング				リーディングトレーリング					リーディングトレーリング		リーディングトレーリング	
サイドブレーキ	センターブレーキ			機械式後2輪制動				センターブレーキ					機械式後2輪制動		機械式後2輪制動	
タイヤ	6.00-16-4PR			195SR15			6.00-16-6PR	195SR15					205/70R15 95Q		205/70R15 95Q	
備考															3型の車両重量はMT車980kg、AT車990kg	

世代	第3世代						第4世代	
モデル	JB33 (1300cc)		JB43 (1300cc)				JB74 (1500cc)	
型式	1型		2型(3型)		4型(5型～9型)		1型	
ボディー仕様	ワゴンJM、JZ		ワゴン				ワゴン JC、JL	
発売年月	1998/1		2000/4		2004/10		2018/7	
全長 mm	3550		3550		3550 (8型から3600)		3550	
全幅 mm	1600		1600				1645	
全高 mm	1670 (JZは1705)		1705				1730	
ホイールベース mm	2250		2250				2250	
トレッド(前/後) mm	1355/1365		1355/1365				1395/1405	
最低地上高 mm	190		190				210	
車両重量 kg	1000 (JZは1010)		1060			1070	1070	1090
乗車定員 名	4		4				4	
最大積載量 kg	—		—				—	
エンジン型式	G13B型(EPI)		M13A型(EPI)				K15B型(EPI)	
	水冷4気筒SOHC 16バルブ		水冷4気筒DOHC 16バルブVVT				水冷4気筒DOHC 16バルブ吸気VVT	
ボア×ストローク mm	74.0×75.5		78.0×69.5				74.0×84.9	
総排気量 cc	1298		1328				1460	
最高出力 ps/rpm	85/6000(net)		88/6000(net)				102/6000	
最大トルク kg-m/rpm	11.3/4500		12.0/4000				13.3/4000	
トランスミッション	5速MT	4速AT	5速MT	4速AT	5速MT	4速AT	5速MT	4速AT
1速	3.652	2.962	3.652	2.962	4.425	2.875	4.425	2.875
2速	1.947	1.515	1.947	1.515	2.304	1.568	2.304	1.568
3速	1.423	1.000	1.423	1.000	1.674	1.000	1.674	1.000
4速	1.000	0.738	1.000	0.738	1.190	0.696	1.190	0.696
5速	0.864	—	0.864	—	1.000	—	1.000	—
リバース	3.466	2.810	3.466	2.810	5.151	2.300	5.151	2.300
トランスファー	チェーン+遊星歯車		チェーン+遊星歯車		チェーン+ギア式		チェーン+ギア式	
高速	1.320		1.320				1.000	1.320
低速	2.145		2.145		2.643		2.002	2.643
最終減速比	4.090		4.090		3.416	4.090	4.090	4.300
サスペンション 前	3リンクコイルリジッド		3リンクコイルリジッド				3リンクコイルリジッド	
後	3リンクコイルリジッド		3リンクコイルリジッド				3リンクコイルリジッド	
ステアリング	ボールナット(PS)		ボールナット(PS)				ボールナット(PS)	
最小回転半径 m	4.9		4.9				4.9	
ブレーキ 前	ディスク		ディスク				ディスク	
後	リーディングトレーリング		リーディングトレーリング				リーディングトレーリング	
サイドブレーキ	機械式後2輪制動		機械式後2輪制動				機械式後2輪制動	
タイヤ	205/70R15 95Q		205/70R15 95Q		205/70R15 95S		195/80R15 96S	
備考								

■ジムニー変遷表

年月日			モデルの変遷
1970年	3月	3日	初代ジムニー(LJ10-1型)発表会開催(東京パレスホテル)(発売は4月10日)
(昭和45年)			FB型359cc 2サイクル空冷2気筒25ps/3.4kg-mエンジン+フルシンクロ4速MT搭載
1971年	1月	20日	ジムニーLJ10型マイナーチェンジ(LJ10-2型)
			エンジン出力25ps/3.4kg-m⇒27ps/3.7kg-mにアップ、ボンネット両サイドにスリット追加、キャンバスドア採用、
			MTのシフトパターン変更(リバースを2速の左側⇒4速の右側)、ボンネット/パーキングブレーキキー追加など
1972年	5月	10日	水冷エンジン搭載ジムニー(LJ20-1型)、新機種ジムニーバン(LJ20V型)発表(発売は5月12日)
			L50型359cc 2サイクル水冷2気筒28ps/3.8kg-mエンジン搭載
	6月	19日	スズキ・ソニー「ビデオジムニー」を共同開発
1973年	11月	—	ジムニーLJ20型マイナーチェンジ(LJ20-2型)
			新保安基準対応。方向指示灯と車幅灯を分離、ブレーキマスターシリンダーをタンデム型に変更、助手席シートを
			ドライバーシートと同じヘッドレスト一体型に変更し、シートベルト装着など
1974年	—	—	輸出専用モデルLJ50型発売
			LJ20型をベースにLJ50型539cc 2ストローク水冷3気筒33ps/5.85kg-mエンジン搭載
1975年	2月	21日	4人乗り・幌タイプ車(LJ20F型)追加発売
(昭和50年)	12月	2日	ジムニーLJ20型マイナーチェンジ(LJ20-3型)
			商業車50年排ガス規制、新保安基準対応。エキゾーストロータリーバルブ、オートリターンチョーク、ブレーキ液漏れ警告灯装着、
			ステアリングホイール径380mmΦ⇒370mmΦに変更など
1976年	4月	30日	新規格軽商用車ジムニー55シリーズ(SJ10-1型)発表(発売は5月1日)
			LJ50型539cc 2ストローク水冷3気筒26ps/5.3kg-mエンジン+4速MTを積む
		—	輸出専用モデルLJ50型マイナーチェンジ(LJ50-I型)
			クラッチの容量アップ、バンのリアサイドウインドーをはめ殺し⇒開閉式に変更など
1977年	6月	17日	NEWジムニー55(SJ10-2型)発売
			軽の新規格に合わせた対応。前後輪のトレッド100mm拡大、ボンネット、リアフェンダー、フロントパネルのデザイン変更、
			ガソリンタンク容量26ℓ⇒40ℓに拡大、ステアリングホイール径400mmΦに拡大など
	6月	—	輸出専用モデルLJ50型マイナーチェンジ(LJ50-II型)
			ワイドトレッド化などSJ10-2型がベース
	6月	—	輸出専用モデルLJ80型(LJ80-I型)発売
			SJ10-2(LJ50-II)型ベースにF8A型797cc4サイクル水冷4気筒OHVエンジンを搭載、
			ホイールベースを1930mm⇒2200mmに延長したLJ81K(ピックアップ)、LJ81P(キャブシャシー)も存在した
	9月	22日	小型車ジムニー8(SJ20-1型)発表(発売は10月1日)
			F8A型797cc4サイクル水冷4気筒OHV 41ps/6.1kg-mエンジン搭載
	—	—	輸出専用モデルLJ51K/LJ51P型発売
			LJ50型のホイールベースを1930mm⇒2200mmに延長したモデル、LJ51K型はピックアップ、LJ51P型はキャブシャシー
1978年	10月	16日	ジムニー55マイナーチェンジ(SJ10-3型)、メタルドアタイプ(SJ10FM型)発売
			フロントグリル形状変更、サイドミラー改良、フロントシート改良、オイルタンク容量3.4ℓ⇒4.5ℓにアップなど
	11月	—	小型車ジムニー8マイナーチェンジ(SJ20-2型)
			SJ10-3型に準ずる変更
	12月	—	輸出専用モデルLJ50型マイナーチェンジ(LJ50-III型)
			ドアミラー(幌ドア車にはフロントウインドー横にCJミラー)採用、SJ20型との共通化のための変更など
	12月	—	輸出専用モデルLJ80型マイナーチェンジ(LJ80-II型)
			フルトランジスタ点火方式採用、インパネに4WDインジケーター新設、JMとVCにリブタイヤ採用、ドアミラー採用、
			リアシートバック10cm拡大など
1979年	10月	31日	ジムニー55マイナーチェンジ(SJ10-4型)(発売は11月10日)
			マフラーを改良し54年騒音規制対応、サイド/リアウインドーを大型化、電動式ウインドーウォッシャー採用など
	11月	—	小型車ジムニー8マイナーチェンジ(SJ20-3型)
			SJ10-4型に準ずる変更
1981年	4月	27日	2代目ジムニー(SJ30-1型)発表(発売は5月1日)
			フルモデルチェンジ、LJ50型539cc 2サイクル水冷3気筒28ps/5.4kg-mエンジン+4速MTを積む
	—	—	輸出専用2代目ジムニー(SJ410型)生産開始
			SJ30型をベースにF10A型970cc4サイクル水冷4気筒OHC 45hp/7.5kg-m(SAEネット)エンジン+4速MT搭載、
			ホイールベースを2030mm⇒2375mmに延長したSJ410K型(ピックアップ)、SJ410P型(キャブシャシー)も存在した
1982年	8月	20日	小型車ジムニー1000(SJ40-1型)発表(発売は8月21日)
			SJ30型をベースにF10A型970cc4サイクル水冷4気筒OHC 52ps/8.2kg-mエンジン+4速MT搭載、
			前輪に全浮動車軸懸架を採用、フリーホイールハブ(オプション)の装着が可能となった、
			ホイールベースを2030mm⇒2375mmに延長した国内向け初のピックアップ(SJ40T型)が設定された
1983年	7月	15日	ジムニー550/1000マイナーチェンジ(SJ30-2型/SJ40-2型)
			前輪フリーホイールハブ標準装備、前輪ディスクブレーキ採用(FK、VA除く)、サイドデフロスター全車装備、シート形状変更、
			ドアミラー装着など
1984年	6月	—	輸出専用モデルSJ410W型発売
			SJ410型のホイールベースを2030mm⇒2375mmに延長した後部は幌のワゴンモデル
	7月	19日	ジムニー550マイナーチェンジ(SJ30-3型)
			インパネデザイン変更、振動の低減(ボディーとフレーム間にマウンティングゴム追加)、ステアリングロック追加、
			オートフリーホイールハブ(オプション)追加など
	8月	—	輸出専用モデルSJ413型生産開始.
			G13A型1324ccエンジンを積むが、1989年7月生産車からG13BA型1298cc66hp/10.51kg-m(ネット)に換装された

年月日			モデルの変遷
	11月	6日	小型車ジムニー1300(JA51-1型)発売
			G13A型1324cc4サイクル水冷4気筒OHC 70ps/10.7kg-mエンジン+5速MTを積む、ワゴンタイプ車を新設定、
			前輪にバキュームサーボ付きディスクブレーキ採用、フロントサスペンションにスタビライザー装着など
1985年	11月	—	輸出専用モデルSAMURAI(サムライ:SJ413のワイドトレッドモデル)発売
(昭和60年)	12月	14日	インドのマルチ・ウドヨグ社でジムニー(現地名:ジプシー)の生産開始
		18日	小型車ジムニー1300マイナーチェンジ(JA51-2型)、パノラミックルーフ・ワゴンを追加設定
			ハロゲンヘッドライト標準装備、幌色を黒⇒白に変更、助手席シートスライド機構採用など
1986年	1月	17日	ジムニー550EPI(電子制御燃料噴射)ターボ(JA71-1型)車を追加設定
			F5A(ターボ)型543cc4サイクル水冷3気筒42ps/5.9kg-mエンジン+5速MTを積む、ハロゲンヘッドライト標準装備、
			助手席シートスライド機構採用、スモークドウインドー付きシルバー色の幌採用など、(2サイクルNAも併売)
		17日	ジムニー550マイナーチェンジ(SJ30-4型)(2サイクルNAエンジン搭載車)
	10月	24日	ジムニー1300特別仕様車「ウインターアクションスペシャル」発表(発売は11月5日)
1987年	2月	20日	ジムニー1300小変更(JA51-2型)
			フロントウインドシールドに合わせガラス、ワゴンタイプ車にブロンズガラス採用
	4月	—	ジムニー550マイナーチェンジ(SJ30-5型/JA71-2型)
			フロントウインドシールドに合わせガラス採用など小変更
	11月	16日	ジムニー550EPIターボマイナーチェンジ(JA71-3型)、インタークーラーターボ車追加
			F5A型543ccインタークーラーターボ52ps/7.2kg-m(ネット)/ターボ38ps/5.5kg-m(ネット)+5速MTを積む、
			フロントグリル、インパネデザイン変更、ハイルーフパノラマウインドー車追加など
		—	輸出専用モデルSJ413型/SJ410型がワイドトレッド化され「SJ SAMURAI/SAMURAI」となる.
1989年	4月	—	ジムニー550ターボマイナーチェンジ(JA71-4型)
			ブレーキマスターシリンダー小型化など
	11月	24日	ジムニー発売20周年特別限定車「ジムニー550 WILD WIND」1000台限定発売
1990年	2月	21日	新規格軽自動車ジムニー660シリーズ(JA11-1型)発表(発売は3月1日)
(平成2年)			F6A型657cc4サイクル水冷3気筒インタークーラーターボ55ps/8.7kg-m(ネット)エンジン+5速MTを積む、
			フロントデザイン変更、新デザインの大型バンパー採用など
	10月	16日	ジムニー発売20周年/スズキ創立70周年特別限定車「ジムニー660 WILD WIND」1000台限定発売
1991年	6月	18日	ジムニーマイナーチェンジ(JA11-2型)
			F6A型エンジンの出力を58ps/8.8kg-m(ネット)に強化、フロントグリル、バンパーのデザイン変更、
			ステアリングホイール(4スポーク⇒3スポーク)、シフトノブのデザイン変更など
	11月	5日	ジムニー特別限定車「WILD WIND LIMITED」2400台限定販売
			ジムニー初のパワーステアリング装備
1992年	7月	1日	ジムニーマイナーチェンジ(JA11-3型)(AT車は8月1日発売)
			ジムニー初の電子制御式3速AT車設定、パワーステアリング装備(一部の車種)など
		1日	ジムニー30万台達成記念特別限定車「SCOTT LIMITED」3000台限定発売
	11月	2日	ジムニー特別限定車「WILD WIND LIMITED」3500台限定販売
1993年	5月	18日	小型車ジムニー1300シエラ(JB31型)発売
			G13B型1298cc水冷4気筒OHC 70ps/10.4kg-mエンジン+5速MTを積む、「SJ413 SAMURAI」の国内版
	6月	15日	ジムニー特別限定車「SCOTT LIMITED」4500台限定発売
	11月	11日	ジムニー特別限定車「WILD WIND LIMITED」5000台限定販売
		15日	小型車ジムニー1300シエラ(JB31型)オートマチック車追加発表(発売は11月30日)
1994年	4月	6日	ジムニーマイナーチェンジ(JA11-4型)
			全車にシートベルト未装着警告灯装備、室内難燃化材使用など
	6月	1日	小型車ジムニー1300シエラ特別限定車「ELK(エルク)」1000台限定発売
		6日	ジムニー特別限定車「Summer Wind LIMITED」4500台限定発売
	10月	17日	ジムニー特別限定車「Wild Wind LIMITED」5000台限定発売
1995年	2月	6日	ジムニー特別仕様車「Landventure(ランドベンチャー)」発売(JA11-5型に先行)
(平成7年)	3月	—	ジムニーマイナーチェンジ(JA11-5型)
			F6A型エンジンの出力を58ps/8.8kg-m(ネット)⇒64ps/10.0kg-m(ネット)に強化、
	5月	19日	小型車ジムニー1300シエラ(JB31型)に「SIERRA DESIGNS(シェラデザインズ)」を追加設定し発売
	11月	13日	ジムニービッグマイナーチェンジ(JA12-1型/JA22-1型)
			前後サスペンションをコイルスプリング化、F6A型エンジンに加え、K6A型658ccオールアルミ直列3気筒DOHC
			インタークーラーターボ64ps/10.5kg-mエンジン搭載モデル(JA22-1型)を追加、ジムニーシリーズ初の軽乗用車仕様を設定など
		13日	ジムニー特別仕様車「Wild Wind」を追加設定し発売
		13日	小型車ジムニー1300シエラビッグマイナーチェンジ(JB32-2型)
			前後サスペンションをコイルスプリング化、G13B型OHCエンジンを16バルブに、EPIをマルチポイント化により
			70ps/10.4kg-m⇒85ps/10.8kg-m(ネット)に強化など
		13日	小型車ジムニー1300シエラ特別仕様車「ELK(エルク)」を追加設定し発売
1996年	9月	2日	ジムニー特別仕様車「Landventure(ランドベンチャー)」を追加設定し発売
		25日	小型車ジムニー1300シエラ特別仕様車「ELK(エルク)」を追加設定し発売
1997年	5月	20日	ジムニーマイナーチェンジ(JA12-2型/JA22-2型)、「XL Limited」(JA12型)を追加設定
			新開発「ドライブアクション4×4」採用、内装仕様変更など
		20日	ジムニー特別仕様車「Wild Wind」(JA22型)を追加設定し発売
		20日	ジムニー特別限定車「Fishing Master」(JA22型)1997年5月～9月の期間限定発売
		20日	小型車ジムニー1300シエラ「ELK(エルク)」マイナーチェンジ(JB32-3型)

年月日			モデルの変遷
1998年	1月	7日	3代目小型車ジムニーワイド(JB33-1型)発売
			フルモデルチェンジ、G13B型1298cc水冷4気筒OHC 85ps/11.3kg-mエンジン+5速MTまたは4速ATを積む
		29日	ジムニーに「Landventure」(JA22型)、「XL Limited」(JA12型)を追加設定し発売(2代目モデル)
	10月	7日	3代目ジムニー(JB23-1型)発売
			フルモデルチェンジ、K6A型658cc水冷3気筒インタークーラーターボ64ps/10.8kg-m(ネット)エンジン+5速MT
			または4速ATを積む
		30日	小型車ジムニーワイドが1998年グッドデザイン賞を受賞
1999年	6月	16日	ジムニーに山本寛斎がデザインした「ジムニーKANSAI」を追加設定し発売
	10月	7日	ジムニーマイナーチェンジ(JB23-2型)
			平成12年排ガス規制に対応、運転席および助手席のシートベルトにフォースリミッター追加など
2000年	2月	16日	ジムニー発売30周年を記念して「TOKYO 4WD & RV SHOW」に歴代ジムニー22台出展
(平成12年)	3月	21日	ジムニーの2WD車「ジムニー L」(JB23-2型)新発売
	4月	13日	ジムニーマイナーチェンジ(JB23-3型)
		13日	小型車ジムニーワイドマイナーチェンジ(JB43-2型)
			エンジンをG13B型⇒M13A型1328cc直列4気筒DOHC16バルブVVT 88ps/12.0kg-m(ネット)エンジンに換装、
			平成12年排ガス規制に対応、運転席および助手席にSRSエアバッグ装備、全車にABS標準装備など
	5月	18日	スズキ創立80周年/ジムニー発売30周年記念車「WILD WIND」を追加設定し発売
	10月	—	軽四輪車ジムニー累計販売台数50万台達成
	11月	15日	ジムニー特別仕様車「FISフリースタイルワールドカップリミテッド」追加設定(発売は11月27日)
2001年	2月	15日	ジムニー特装車「ジムニーJ2」を追加設定し発売
	3月	14日	ジムニーシリーズ世界累計販売台数(国内軽+国内小型+海外の合計)200万台達成
			台数の内訳は国内55万7000台、海外144万6000台、合計200万3000台
	5月	15日	ジムニー特別仕様車「Land Venture」を追加設定し発売
2002年	1月	21日	ジムニーマイナーチェンジ(JB23-4型)
			フロント周りのデザイン一新、キーレスエントリーのアンサーバック機構にハザードランプ点灯式採用など
		21日	小型車ジムニーワイドマイナーチェンジし名称を「ジムニー シエラ」に変更(JB43-3型)
	5月	16日	ジムニー特別仕様車「WILD WIND」を追加設定し発売
	11月	18日	ジムニー特別仕様車「FISフリースタイルワールドカップリミテッド」追加設定し発売
2003年	5月	14日	ジムニー特別仕様車「Land Venture」を追加設定し発売
	11月	13日	ジムニー特別仕様車「FISフリースタイルワールドカップリミテッド」追加設定し発売
2004年	5月	18日	ジムニー特別仕様車「Land Venture」を追加設定し発売
	10月	13日	ジムニー/小型車ジムニーシエラマイナーチェンジ(JB23-5型/JB43-4型)
			スイッチ式駆動切替方式採用、AT車にゲート式シフト採用、インストゥルメントパネルデザイン変更など
2005年	5月	9日	ジムニー特別仕様車「Land Venture」を追加設定し発売
(平成17年)	11月	—	ジムニー/小型車ジムニーシエラマイナーチェンジ(JB23-6型/JB43-5型)
			ヘッドランプレベライザー追加、ドアミラーのデザイン変更
	12月	5日	ジムニー特別仕様車「WILD WIND」を追加設定し発売
2006年	1月	17日	小型車ジムニーシエラ特別仕様車「WILD WIND」を追加設定し発売
	6月	5日	ジムニー/小型車ジムニーシエラ特別仕様車「Land Venture」を追加設定し発売
	11月	8日	ジムニー/小型車ジムニーシエラ特別仕様車「WILD WIND」を追加設定し発売
2007年	6月	5日	ジムニー/小型車ジムニーシエラ特別仕様車「Land Venture」を追加設定し発売
	11月	6日	ジムニー/小型車ジムニーシエラ特別仕様車「WILD WIND」を追加設定し発売
2008年	6月	5日	ジムニー/小型車ジムニーシエラマイナーチェンジ(JB23-7型/JB43-6型)
			ジムニーのエンジンのシリンダーヘッド改良、両車のスペアタイヤにシルバーのハーフカバー採用など
		5日	ジムニー/小型車ジムニーシエラ特別仕様車「Land Venture」を追加設定し発売
	10月	8日	ジムニーがグッドデザイン・ロングライフデザイン賞を受賞
	11月	5日	ジムニー/小型車ジムニーシエラ特別仕様車「WILD WIND」を追加設定し発売
2009年	6月	8日	ジムニー/小型車ジムニーシエラ特別仕様車「Land Venture」を追加設定し発売
2010年	4月	9日	ジムニー/ジムニーシエラ誕生40周年記念車「X-Adventure(クロスアドベンチャー)」発表(発売は4月20日)
(平成22年)	9月	—	ジムニー/小型車ジムニーシエラマイナーチェンジ(JB23-8型/JB43-7型)
			ジムニー「X-Adventure(クロスアドベンチャー)」のXAグレード廃止
2012年	5月	14日	ジムニー/小型車ジムニーシエラマイナーチェンジ(JB23-9型/JB43-8型)
			エンジンフードの高さや構造変更(衝突時の歩行者安全対策)など
		14日	ジムニー/ジムニーシエラ特別仕様車「X-Adventure」を追加設定し発売
2014年	8月	19日	ジムニー/小型車ジムニーシエラマイナーチェンジ(JB23-10型/JB43-9型)
			メーターやシート表皮のデザイン変更、ジムニーシエラには横滑り防止装置とトラクションコントロール装備
		19日	ジムニー/小型車ジムニーシエラ特別仕様車「Land Venture」を追加設定し発売
2018年	7月	5日	4代目ジムニー/小型車ジムニーシエラ発売(JB64型/JB74型)
(平成30年)			ジムニーはR06A型658cc直列3気筒DOHC 12バルブVVTインタークーラーターボ64ps/9.8kg-mエンジン+5速MT
			または4速ATを積む
			ジムニーシエラはK15B型1460cc直列4気筒DOHC 16バルブ吸気VVT102ps/13.3kg-mエンジン+5速MTまたは4速MTを積む
2020年	11月	6日	ジムニー LJ10型(1970年)が 2020日本自動車殿堂 歴史遺産車に選定
(令和2年)			

■ジムニー累計販売台数（年度ベース）

年　度	国　内	海　外	総合計
1970年 (S45度)	6,500	200	6,700
1971年 (S46度)	5,700	600	6,300
1972年 (S47度)	6,800	2,900	9,700
1973年 (S48度)	6,600	1,400	8,000
1974年 (S49度)	5,800	6,900	12,700
1975年 (S50度)	6,300	6,200	12,500
1976年 (S51度)	7,600	11,600	19,200
1977年 (S52度)	11,700	12,400	24,100
1978年 (S53度)	13,900	16,100	30,000
1979年 (S54度)	12,900	23,200	36,100
1980年 (S55度)	13,900	38,500	52,400
1981年 (S56度)	29,800	46,400	76,200
1982年 (S57度)	22,700	68,900	91,600
1983年 (S58度)	15,700	68,600	84,300
1984年 (S59度)	14,800	60,000	74,800
1985年 (S60度)	13,000	99,000	112,000
1986年 (S61度)	16,000	157,000	173,000
1987年 (S62度)	17,500	188,000	205,500
1988年 (S63度)	17,700	92,400	110,100
1989年 (H1度)	14,800	68,000	82,800
1990年 (H2度)	27,100	59,600	86,700
1991年 (H3度)	25,100	46,500	71,600
1992年 (H4度)	29,500	37,500	67,000
1993年 (H5度)	36,900	31,800	68,700
1994年 (H6度)	32,600	38,200	70,800
1995年 (H7度)	31,300	36,000	67,300
1996年 (H8度)	24,100	33,300	57,400
1997年 (H9度)	21,700	30,400	52,100
1998年 (H10度)	29,900	46,600	76,500
1999年 (H11度)	21,500	55,000	76,500
2000年 (H12度)	20,400	44,700	65,100
2001年 (H13度)	19,000	33,300	52,300
2002年 (H14度)	15,200	41,000	56,200
2003年 (H15度)	14,500	37,100	51,600
2004年 (H16度)	14,600	41,300	55,900
2005年 (H17度)	16,900	38,200	55,100
2006年 (H18度)	17,200	45,600	62,800
2007年 (H19度)	16,200	46,200	62,400
2008年 (H20度)	15,500	35,300	50,800
2009年 (H21度)	10,300	33,700	44,000
2010年 (H22度)	13,100	31,900	45,000
2011年 (H23度)	14,600	32,400	47,000
2012年 (H24度)	16,900	24,600	41,500
2013年 (H25度)	15,500	29,200	44,700
2014年 (H26度)	15,800	38,600	54,400
2015年 (H27度)	13,800	31,100	44,900
2016年 (H28度)	14,600	33,400	48,000
2017年 (H29度)	15,200	34,700	49,900
2018年 (H30度)	33,800	18,800	52,600
2019年 (R元年)	38,000	34,900	72,900
2020年4-9月 (R2年)	27,100	15,200	42,300
累計台数	917,600	2,104,400	3,022,000

※国内・海外ともに100台単位となるよう四捨五入。国内ジムニーにはジムニーシエラ含む。

あとがき

2020（令和2）年は、ジムニーが1970（昭和45）年3月に発売されてからちょうど50年。スズキ株式会社も1920（大正9）年3月に鈴木式織機株式会社として創立されてからちょうど100周年となる節目の年であった。さらに、初代ジムニーLJ10が「2020日本自動車殿堂 歴史遺産車」に選定されたのを機に、ジムニーの歴史をまとめておこうと、本書の企画がスタートした。

世界にも類を見ない軽自動車の本格的クロスカントリー四輪駆動車として登場したジムニーは、その後、小型車規格のエンジンも搭載することで、海外市場でも歓迎され、2020年には発売以来世界の累積販売台数は300万台を突破したが、実にその約70％が海外で販売されている。動画共有サービスのYouTubeなどでは想像以上にタフな楽しみ方をされているジムニーたちを見ることができる。

2018年7月にモデルチェンジされたジムニーとジムニーシエラが発売されると、たちまちものすごい人気で生産が追い付かず、一時は注文しても納車までに永い期間待たなければならない状態となり、多くのユーザーから支持を得ているのがわかる。

本書執筆に当たって、スズキ株式会社・広報部には貴重な時間をさいていただき、リリースなどのデータの提供やご協力をいただいた。ACCJの森臣延顧問、清水辰也会長、小田正仁副会長、望月啓利さん、本池毅さんには貴重なカタログを提供していただいた。特に小田さんにはジムニーをこよなく愛する友人から数十点に及ぶ貴重な海外版カタログを借りていただき、提供していただいた。ここに深く感謝の意を表したい。

また、スズキ株式会社の鈴木修会長から、思いがけず貴重なお話を頂戴し、これを巻頭言とさせていただけたことは望外の喜びです。

最後に、三樹書房の小林謙一社長、編集部の山田国光さん、木南ゆかりさんには数々のご教示をいただき、編集にあたってはひとかたならずご苦労をおかけした。皆様のご協力により、この本が完成したことにあらためて感謝の意を表したい。

また、本文の中で、敬称を省略させていただきましたこと、ご了承願います。

当摩 節夫

参考文献

『70 年史』鈴木自動車工業（株）
『スズキとともに』スズキ（株）
『ジムニー誕生 40 年記念写真集』スズキ（株）
『スズキジムニーの 40 年の歴史』芸文社
『自動車ガイドブック』バックナンバー　自動車工業振興会
「各種カタログ、宣伝用冊子類、広報資料」

■編集後記■

「世界市場において独自の存在感を放つジムニー」

スズキジムニーは、2020年に誕生から50周年を迎えました。定期的にフルモデルチェンジを展開している国産自動車の中で、ジムニーは初代からのコンセプトをかたくなに守り続け、50年という長い期間にわたって、その姿を大きく変えることはありませんでした。そして最新型に至るまで、歴代のモデルは、数多くのユーザーからの支持を集めています。これは、ジムニーという特異なクルマの存在価値を認め、育ててきたスズキ技術陣の開発姿勢が、大きな要因だと考えています。

学生時代の私は、仲間数人とスキーをするために、自動車でよくスキー場へ行っていました。スキー場までの道のりで、凍結しているような道路や新雪の中をこともなく走っていたのは、四輪駆動（4WD）のクルマでした。特に鮮明に覚えているのは、小回りの利くジムニーで、軽い車体の利点を生かして、山間地域や悪路走行などではまさに“敵なし”であり、ジムニーはまさに雪国の“エース”だったのです。

日本国内でも独自の個性と魅力をもつジムニーは、世界市場においても類のない軽量で小型の本格的な四輪駆動車です。今では唯一無二の存在であり、世界累計販売台数300万台を達成したことは、日本の4WD車のジャンルで大きな偉業といえるでしょう。

本書は、ジムニーのモデルの変遷を中心にして、どのような軌跡を遂げてきたのかを、極力ていねいに、わかりやすく編集することを目指した記録集であり、スズキが国内四輪市場へ掲げている「小さなクルマ、大きな未来。」を着実に実践してきたジムニーの魅力を、一端でもご理解いただければ幸いです。

また、本書刊行にあたり、鈴木修会長より巻頭言をいただきました。今では庶民の足としてなくてはならない存在になった軽自動車ですが、1975年頃にオイルショックや厳しい排出ガス規制などの影響で、「軽自動車は本当に必要なのか？」と存在自体を疑問視する風潮が国内で巻き起こったことがあります。そうした軽自動車にとってマイナスのイメージを見事に払拭したのが1979年に発売されたスズキのアルトでした。アルトは、47万円という低価格で販売され、実用重視の軽自動車として認められました。その後アルトは圧倒的な支持を得て、あらためて軽自動車の存在意義を世に示すことに成功したのです。1993年に登場したスズキワゴンRでは、ハイトワゴンという新しいジャンルを切り拓き、1995年に発売され、ヒットしたダイハツのムーヴ以降は、実用性と安全性を高めた軽自動車が次々に登場することになりますが、そうした軽自動車市場の大きな危機を乗り越えてきたのがスズキであり、鈴木修社長時代の大きな功績であります。

最後になりますが、スズキ株式会社経営企画室広報部をはじめとして、本書の企画にご理解いただき、製作にご協力いただいた方々に厚く御礼申し上げます。

三樹書房　編集部　小林謙一

当摩 節夫（とうま・せつお）

1937年、東京に生まれる。1956年に富士精密工業入社、開発実験業務にかかわる。1967年、合併した日産自動車の実験部に移籍、1970年にATテストでデトロイト～西海岸を車で1往復約1万キロ走破。往路はシカゴ～サンタモニカまで、当時は現役であった「ルート66」3800kmを走破。1972年に日産自動車、海外サービス部に移り、海外代理店のマネージメント指導、KD車両のチューニングなどにかかわる。1986年～1997年の間、カルソニック（現マレリ株式会社）の海外事業部に移籍、豪亜地域の海外拠点展開にかかわる。1986年～1989年の間シンガポール駐在。現在はRJC（日本自動車研究者 ジャーナリスト会議）および、米国SAH（The Society of Automotive Historians, Inc.）のメンバー。1954年から世界の自動車カタログの収集を始め現在に至る。
『モーターファン別冊すべてシリーズ』（三栄書房）に「スバル・レガシィ史」「スカイライン史」「スカイラインGT-R史」「1950年代のアメリカン・ステーションワゴン」「ホンダ・シビック史」、『カー・IO』（芸文社）に「高級車史」、『別冊月刊プレイボーイ』（集英社）に「魅力にあふれたアメリカ車のカタログ」、『スーパーCG』（二玄社）に「クライスラー300・レターシリーズ史」「戦後のパッカード史」「戦後のスチュードベーカー史」「GM ヘリティッジ・センター」など多数寄稿。著書に『プリンス　日本の自動車史に偉大な足跡を残したメーカー』『ロータリーエンジン車　マツダを中心としたロータリーエンジン搭載モデルの系譜』『スバル　「独創の技術」で世界に展開した100年』『ミニ1959-2000　世界標準となった英国の小型車』『スカイライン　R32、R33、R34型を中心として』『ニッサン セドリック／グロリア「技術の日産」を牽引した乗用車』『ダットサン／ニッサン フェアレディ　日本初のスポーツカーの系譜1931～1970』『いすゞ乗用車の歴史』『三菱自動車工業　三菱A型完成から100年』（いずれも三樹書房）がある。

スズキ ジムニー

日本が世界に誇る 唯一無二のコンパクト4WD

著　者　当摩節夫

発行者　小林謙一

発行所　三樹書房

URL http://www.mikipress.com

〒101-0051東京都千代田区神田神保町1-30
TEL 03(3295)5398　FAX 03(3291)4418

印刷・製本　シナノ パブリッシング プレス